农业部新型职业农民培育规划教材

SHESHI SHUCAI YUANYIGONG

设施蔬菜园艺工

韩世栋　周桂芳　主编

U0256433

中国农业出版社

编　委　会

主　　编　韩世栋　周桂芳

■ 编写说明

　　我国正处在加快现代化建设进程和全面建成小康社会的关键时期。我国的基本国情决定，没有农业的现代化就没有整个国家的现代化，没有农民的小康就没有全面小康社会。加快现代农业发展，保障国家粮食安全，持续增加农民收入，迫切需要大力培育新型职业农民，大幅提高农民科学种养水平。实践证明，教育培训是提升农民生产经营水平，提高农民素质的最直接、最有效途径，也是新型职业农民培育的关键环节和基础工作。为做好新型职业农民培育工作，提升教育培训质量和效果，农业部对新型职业农民培育教材进行了整体规划，组织编写了"农业部新型职业农民培育规划教材"，供各类新型职业农民培育机构开展新型职业农民培训使用。

　　"农业部新型职业农民培育规划教材"定位服务培训、提高农民技能和素质，强调针对性和实用性。在选题上，立足现代农业发展，选择国家重点支持、通用性强、覆盖面广、培训需求大的产业、工种和岗位开发教材。在内容上，针对不同类型职业农民特点和需求，突出从种到收、从生产决策到产品营销全过程所需掌握的农业生产技术和经营管理理念。在体例上，打破传统学科知识体系，以"农业生产过程为导向"构建编写体系，围绕生产过程和生产环节进行编写，实现教学过程与生产过程对接。在形式上，采用模块化编写，教材图文并茂，通俗易懂，利于激发农民学习兴趣。

　　《设施蔬菜园艺工》是系列规划教材之一，共有九个模块。模块一——基本技能和素质，简要介绍设施蔬菜园艺工应掌握的基本知识和具备的基本技能以及素质要求。模块二——基础知识，内容包括蔬菜类型与特点、蔬菜生产与环境。模块三——茬口安排和品种选择，介绍茬口安排技术和品种选择技术。模块四——播种与育苗，内容包

1

括设施蔬菜壮苗标准、育苗设施准备、蔬菜育苗方法、种子播前处理技术、播种技术、蔬菜苗期管理技术。模块五——整地与施肥，介绍整地、做畦技术，地膜覆盖技术、平衡施肥技术。模块六——定植，介绍定植方法与方式、定植密度和深度、提高定植成活率的措施。模块七——田间管理，内容包括中耕松土，温度管理，吊蔓与搭架，绑蔓、缠蔓与落蔓，整枝与摘叶，追肥与浇水，气体控制，辅助授粉，疏花、疏果。模块八——病虫害识别与防治，内容包括病虫害识别、病虫害防治。模块九——采收，内容包括采收时期与时间、采收方法。各模块附有技能训练指导、参考文献、单元自测内容。

目 录

模块一
基本技能和素质

1 基本技能要求

设施蔬菜园艺工是从事或准备从事设施蔬菜种植的技术人员，应具备以下基本技能：

（1）能根据作物种子特性确定温汤浸种的温度、时间和方法。

（2）能根据作物种子特性确定催芽的温度、时间和方法。

（3）能进行开水烫种和药剂处理。

（4）能采用干热法处理种子。

（5）能根据蔬菜作物的生理性特性确定配制营养土的材料及配方。

（6）能确定营养土消毒药剂。

（7）能确定育苗设施的类型和结构参数。

（8）能确定育苗设施消毒所使用的药剂。

（9）能计算苗床面积。

（10）能确定播种期。

（11）能计算播种量。

（12）能针对栽培作物的苗期生育特性确定温、湿度管理措施。

（13）能针对栽培作物的苗期生育特性确定光照管理措施。

（14）能确定分苗、调整位置时期。

（15）能确定炼苗时期和管理措施。

（16）能确定病虫防治药剂。

（17）能确定栽培设施类型和结构参数。

（18）能确定栽培设施消毒所使用的药剂。

（19）能确定土壤耕翻适期和深度。

（20）能确定排灌沟布局和规格。

（21）能确定基肥施用种类和数量。

（22）能确定栽培畦的类型、规格及方向。

（23）能确定移栽（播种）日期。

（24）能确定移栽（播种）密度。

（25）能确定移栽（播种）方法。

（26）能确定温、湿度管理措施。

（27）能确定光照管理措施。

（28）能确定土壤盐渍化综合防治措施。

（29）能确定有害气体的种类、出现的时间和防止方法。

（30）能确定追肥的种类和比例。

（31）能确定追肥时期和方法。

（32）能确定浇水时期和数量。

（33）能确定叶面追肥的种类、浓度、时期和方法。

（34）能确定插架、绑蔓（吊蔓）的时期和方法。

（35）能确定摘心、打杈、摘除老叶和病叶的时期和方法。

（36）能确定保花保果、疏花疏果的时期和方法。

（37）能确定病虫草害防治使用的药剂和方法。

（38）能按蔬菜外观质量标准确定采收时期。

（39）能确定采收方法。

（40）能对植株残体、杂物进行无害化处理。

（41）能确定产品外观质量标准。

（42）能进行产品质量检测采样。

（43）能准备整理、清洗、分级设备。

（44）能选定包装材料和设备。

2 基本知识和素质要求

设施蔬菜园艺工应具备以下职业道德：

（1）敬业爱岗，忠于职守。

（2）认真负责，实事求是。

（3）勤奋好学，精益求精。

（4）遵纪守法，诚信为本。

（5）规范操作，注意安全。

设施蔬菜园艺工应具备以下方面的知识：

（1）土壤和肥料基础知识。

（2）农业气象常识。

（3）蔬菜栽培知识。

（4）蔬菜病虫草害防治基础知识。

（5）蔬菜采后处理基础知识。

（6）农业机械常识。

（7）安全使用农药知识。

（8）安全用电知识。

（9）安全使用农机具知识。

（10）安全使用肥料知识。

（11）《中华人民共和国农业法》的相关知识。

（12）《中华人民共和国农业技术推广法》的相关知识。

（13）《中华人民共和国种子法》的相关知识。

（14）国家和行业蔬菜产地环境、产品质量标准以及生产技术规程。

模块二
基础知识

1 蔬菜类型与特点

▊ 蔬菜分类方法

(一) 食用器官分类法

食用器官分类法是按各蔬菜食用器官的类别不同进行分类。由于食用器官相同的蔬菜对环境条件的要求一般较为相似，采取的栽培技术措施也较为一致，因此该分类法对掌握蔬菜栽培技术具有一定的指导作用。

但食用器官相同的蔬菜，其生长习性和栽培条件并不完全一致，如茭白和莴笋，同是茎菜类，但其生长习性和栽培方法却不相同。

(二) 植物学分类法

植物学分类法是依照植物的自然进化系统，按科、属、种和变种将蔬菜进行分类。植物学分类法能了解各种蔬菜间的亲缘关系，一般同科蔬菜通常具有相似的病虫害，种间容易杂交，其生物学特性和栽培技术方面都有相似之处，这对病虫害防治、杂交育种、种子繁殖及种植制度的制定等都有一定的指导作用。该分类法的主要不足是有些蔬菜虽属同科蔬菜，但其食用器官、繁殖方法、生物学特性和栽培技术等却有很大的差别，如茄科的马铃薯和番茄、禾本科的甜玉米与竹笋等。

（三）农业生物学分类法

农业生物学分类法从农业生产实际出发，按照蔬菜的生物学特性和栽培技术的相似性进行分类。农业生物学分类法以蔬菜的生产技术作为分类的主要依据，比较适合农业生产的要求，对蔬菜生产具有较好的指导作用。

■ 蔬菜类别

（一）按食用器官分类

1. 根菜类。以肥大的根部为产品，根据根的类型不同分为：

（1）直根类。以肥大的主根为产品，如萝卜、胡萝卜、芜菁、根用甜菜、根用芥菜等。

（2）块根类。以肥大的侧根为产品，如甘薯、豆薯等。

2. 茎菜类。以肥大的茎部为产品，包括一些食用假茎的蔬菜。根据茎的类型不同，分为：

（1）肉质茎类。以肥大的地上茎为产品，如莴笋、茭白、茎用芥菜、球茎甘蓝等。

（2）嫩茎类。以萌发的嫩芽为产品，如芦笋、竹笋、香椿等。

（3）块茎类。以肥大的地下块状茎为产品，如马铃薯、菊芋、草食蚕等。

（4）根茎类。以肥大的地下根状茎为产品，如姜、莲藕等。

（5）球茎类。以地下的球状茎为产品，如慈姑、芋、荸荠等。

（6）鳞茎类。以肥大的鳞茎为产品，如大蒜、洋葱、百合等。

3. 叶菜类。以叶片或叶柄为产品。根据叶的类型不同，分为：

（1）普通叶菜类。以普通的绿叶为产品，如小白菜、乌塌菜、菠菜、茼蒿、叶用芥菜等。

（2）结球叶菜类。以卷曲或包合的叶片为产品，如大白菜、结球甘蓝、结球莴苣等。

（3）香辛叶菜类。以具有香辛味的叶片为产品，如大葱、分葱、韭菜、芹菜、芫荽、茴香等。

4. 花菜类。以花器或肥嫩的花枝为产品。分为：

（1）花器类。以花器为产品，如金针菜、朝鲜蓟等。

（2）花枝类。以幼嫩的花枝为产品，如花椰菜、菜薹等。

5. 果菜类。以果实或种子为产品。根据果实的类型不同，分为：

（1）瓠果类。如黄瓜、南瓜、冬瓜、西瓜、甜瓜、丝瓜等。

（2）浆果类。如番茄、茄子、辣椒等。

（3）荚果类。如菜豆、豇豆、蚕豆、豌豆等。

（4）杂果类。如甜玉米、黄秋葵、菱角等。

（二）按植物学分类

1. 葫芦科蔬菜。代表蔬菜有黄瓜、南瓜（中国南瓜）、笋瓜（印度南瓜）、西葫芦（美洲南瓜）、黑籽南瓜、冬瓜、西瓜、甜瓜、苦瓜、丝瓜、瓠瓜、佛手瓜等。

2. 十字花科蔬菜。代表蔬菜有大白菜、乌塌菜、菜薹、薹菜、芜菁、叶用芥菜（雪里蕻）、茎用芥菜（榨菜）、根用芥菜（大头菜）、羽衣甘蓝、结球甘蓝、抱子甘蓝、花椰菜、球茎甘蓝、芥蓝、芜菁甘蓝、萝卜、辣根、荠菜等。

3. 豆科蔬菜。代表蔬菜有菜豆、矮生菜豆、普通豇豆（矮豇豆）、长豇豆、蚕豆、豌豆、毛豆、扁豆、刀豆等。

4. 茄科蔬菜。代表蔬菜有马铃薯、茄子、番茄、辣椒、人参果等。

5. 菊科蔬菜。代表蔬菜有散叶莴苣、结球莴苣、莴笋、茼蒿、牛蒡、紫背天葵、菊芋（洋姜）等。

6. 百合科蔬菜。代表蔬菜有金针菜、芦笋、洋葱、韭菜、大蒜、大葱、分葱等。

7. 伞形科蔬菜。代表蔬菜有芹菜、芫荽、胡萝卜、茴香等。

8. 藜科蔬菜。代表蔬菜有菠菜、叶用甜菜等。

9. 薯芋科蔬菜。代表蔬菜有山药、大薯等。

10. 姜科蔬菜。代表蔬菜为姜。

11. 楝科蔬菜。代表蔬菜有香椿等。

12. 睡莲科蔬菜。代表蔬菜有莲藕、莼菜等。

13. 天南星科蔬菜。代表蔬菜为芋。

14. 蘑菇科蔬菜。代表蔬菜有蘑菇、双孢菇等。

15. 口蘑科蔬菜。代表蔬菜有香菇、平菇、金针菇等。

16. 光柄菇科蔬菜。代表蔬菜为草菇。

17. 鬼伞科蔬菜。代表蔬菜为鸡腿菇。

18. 旋花科蔬菜。代表蔬菜有蕹菜、甘薯等。

（三）按农业生物学分类

1. 根菜类。指以肥大的肉质直根为产品的蔬菜，主要包括萝卜、胡萝卜、芜菁、根用芥菜、芜菁甘蓝、牛蒡等。

2. 白菜类。指十字花科蔬菜中，以柔嫩的叶丛、肉质茎、叶球或花球等为产品的蔬菜，主要包括大白菜、花椰菜、结球甘蓝、雪里蕻、榨菜等。

3. 绿叶菜类。指以幼嫩的绿叶、小型叶球、嫩茎等为产品的蔬菜，主要包括芹菜、菠菜、莴苣、茼蒿、芫荽、蕹菜、苋菜等。

4. 葱蒜类蔬菜。指百合科蔬菜中以鳞茎、嫩叶、花薹为产品的蔬菜，主要包括洋葱、大蒜、大葱、韭菜等。

5. 茄果类蔬菜。指茄科蔬菜中以浆果为产品的蔬菜，主要包括番茄、茄子、辣椒等。

6. 瓜类蔬菜。指葫芦科蔬菜中以瓠果为产品的蔬菜，主要包括黄瓜、南瓜、西瓜、甜瓜、丝瓜、冬瓜、苦瓜、佛手瓜等。

7. 豆类蔬菜。指豆科蔬菜中以鲜嫩的荚果或种子为产品的蔬菜，主要包括菜豆、豇豆、蚕豆、豌豆、扁豆等。

8. 薯芋类蔬菜。指以地下肥大的变态根和变态茎为产品的蔬菜，主要包括马铃薯、山药、姜、芋等。

9. 水生蔬菜。指生长在沼泽地或浅水中的蔬菜，主要包括莲藕、茭白、慈姑、荸荠等。

10. 多年生蔬菜。指一次播种或栽植后，可以连续收获数年的蔬菜，主要包括金针菜、芦笋、香椿等蔬菜。

11. 食用菌类。指人工栽培或野生的适宜食用的菌类蔬菜，主要包括蘑菇、香菇、木耳等。

12. 其他蔬菜。指以上几类不包括的各种蔬菜，主要包括芽苗菜、甜玉米、黄秋葵、苜蓿等。

2 蔬菜生产与环境

蔬菜生产离不开适宜的环境，蔬菜生产环境主要包括温度、湿度、光照、土壤营养和气体条件，简称水、肥、气、热、光。

■ 温度条件

（一）蔬菜对温度的适应性

按蔬菜对温度的适应能力和适应范围，分为以下5种类型：

1. 耐寒性蔬菜。主要包括除大白菜、花椰菜以外的白菜类，除苋菜、蕹菜以外的绿叶菜类。生长适温为17～20℃，生长期内能长时期忍受－2～－1℃的低温和短期的－5～－3℃低温，个别蔬菜甚至可短时忍受－10℃的低温。耐热能力较差，温度超过21℃时，生长不良。

2. 半耐寒性蔬菜。主要包括根菜类、大白菜、花椰菜、结球莴苣、马铃薯、豌豆及蚕豆等。生长适温为17～20℃，其中大部分蔬菜能忍耐－2～－1℃的低温。耐热能力较差，产品器官形成期，温度超过21℃时生长不良。

3. 耐寒而适应性广的蔬菜。主要包括葱蒜类和多年生蔬菜。生长适温为12～24℃，耐寒能力较普通耐寒性蔬菜强，可忍耐26℃以上的高温。

4. 喜温性蔬菜。主要包括茄果类、大部分瓜类、大部分豆类、水生蔬菜和除马铃薯以外的薯芋类蔬菜等。生长适温为 20～30℃，温度超过 40℃时，同化作用小于呼吸作用。不耐低温，在 15℃以下开花结果不良，10℃以下停止生长，0℃以下致死。

5. 耐热性蔬菜。主要包括冬瓜、南瓜、丝瓜、苦瓜、西瓜、甜瓜、豇豆等。耐高温能力强，生长适温为 30℃左右，有的蔬菜在 40℃时仍能正常生长。不耐低温。

（二）蔬菜不同生育期对温度的要求

1. 发芽期。要求较高的温度。喜温、耐热性蔬菜的发芽适温为 20～30℃，耐寒、半耐寒、耐寒而适应性广的蔬菜为 15～20℃。在适温范围内，温度越高，出土越快。在幼苗出土后至第一片真叶展开前，应适当降温，以免幼苗徒长，形成高脚苗。

2. 幼苗期。适应温度范围较宽。生产上可将幼苗期安排在温度较高或较低的月份，如白菜苗期安排在 7～8 月高温季节，番茄苗期安排在早春低温季节，以便将产品器官形成期安排在温度最适宜的月份或延长结果期，提高产量。

3. 产品器官形成期。此期的适应温度范围较窄，果菜类适温为 20～30℃，根、茎、叶菜类一般为 17～20℃，生产上应尽可能将这个时期安排在温度最适宜的月份。

4. 营养器官休眠期。要求较低温度，降低呼吸消耗，延长贮存时间。

▌█ 光照条件

（一）不同种类蔬菜对光照度的要求

根据蔬菜对光照强度的要求不同，把蔬菜分为以下 4 种类型：

1. 强光性蔬菜。主要包括大部分瓜类、茄果类、豆类、大部分薯芋类。该类蔬菜生长需要较强光照，适宜的光照度为 5 万～6 万勒克斯。

2. 中光性蔬菜。包括白菜类、根菜类、葱蒜类。该类蔬菜在中等光照条件下生长良好，不耐强光照，适宜的光照度为 3 万～4 万勒克斯。

3. 耐阴性蔬菜。包括姜、绿叶菜类等。该类蔬菜耐阴能力较强，适宜光照度为 2 万勒克斯左右。

4. 弱光性蔬菜。包括食用菌类，生长要求弱光环境，适宜光照度一般低于 1 万勒克斯。

（二）蔬菜不同生育时期对光照度的要求

蔬菜一生中对光照度的要求随着生育时期的变化而改变。发芽期除个别蔬菜外，一般不需要光照；幼苗期比成株期耐阴；开花结果期与营养生长期相比需要较强的光照。

■ 湿度条件

（一）蔬菜对土壤湿度的要求

根据蔬菜对土壤湿度的要求程度不同，将蔬菜分为以下 5 种类型：

1. 水生蔬菜。包括茭白、荸荠、慈姑、藕、菱等。植株的蒸腾作用旺盛，耗水很多，但根系不发达，根毛退化，吸收能力很弱，只能生活在水中或沼泽地带。

2. 湿润性蔬菜。包括黄瓜、大白菜和大多数绿叶菜类等。植株叶面积大，组织柔软，蒸腾消耗水分多，但根系入土不深，吸收能力弱，要求较高的土壤湿度。主要生长阶段需要勤灌溉，保持土壤湿润。

3. 半湿润性蔬菜。主要是葱蒜类蔬菜。植株的叶面积小，并且叶面有蜡粉，蒸腾耗水量小，但根系不发达，入土浅并且根毛少，吸水能力较弱。该类蔬菜不耐干旱，也怕涝。对土壤湿度的要求比较严格，主要生长阶段要求经常保持地面湿润。

4. 半耐旱性蔬菜。包括茄果类、根菜类、豆类等。植株的叶面积相对较小，并且组织较硬，叶面常有茸毛保护，耗水量不大；根系发达，入土深，吸收能力强，对土壤的透气性要求也较高。该类蔬菜在半干半湿的地块上生长较好，不耐高湿，主要栽培期间应定期浇水，经常保持土壤半湿润状态。

5. 耐旱性蔬菜。包括西瓜、甜瓜、南瓜、胡萝卜等。叶上有裂刻及茸毛，能减少水分的蒸腾，耗水较少；有强大的根系，能吸收土壤深层的水分，抗旱能力强，对土壤的透气性要求比较严格，耐湿性差。主要栽培期间应适量浇水，防止水涝。

（二）蔬菜对空气湿度的要求

蔬菜对空气湿度要求也各不相同，大体上分为 4 类，如表 2 - 1 所示。

表 2 - 1　主要蔬菜对空气湿度的要求

蔬菜类型	蔬菜种类	空气相对湿度
耐湿性蔬菜	水生蔬菜、绿叶菜类、黄瓜、食用菌等	85%～95%
喜湿性蔬菜	白菜类、茎菜类、根菜类（胡萝卜除外）、蚕豆、豌豆	70%～84%
喜干燥性蔬菜	茄果类、豆类（蚕豆、豌豆除外）	55%～69%
耐干燥性蔬菜	甜瓜、西瓜、南瓜、胡萝卜、葱蒜类等	45%～54%

（三）不同生育期对湿度的要求

1. 发芽期。要求较高的土壤湿度，湿度不足会影响出苗。播前应充分灌水或在墒情好时播种。

2. 幼苗期。植株叶面积小，蒸腾量少，需水量并不多，但根群小，分布浅，吸水能力弱，不耐干旱，需要保持一定的土壤湿度，防止湿度过高。

3. 营养生长旺盛期和养分积累期。此期是根、茎、叶菜类蔬菜一生中需水最多的时期，但在养分贮藏器官形成初期应适当控水，以便由茎叶生长转向养分积累。进入产品器官生长盛期以后，应勤浇多浇，促进产品器官迅速生长。

4. 开花结果期。对水分要求严格，水分过多过少均会引起落花落果。果菜类在开花初期应适当控制浇水，当果实坐住，进入结果盛期后需水量加大，为果菜类一生中需水最多的时期。

■ 土壤与营养

（一）土壤类型对蔬菜生长的影响

1. 沙壤土。土质疏松不易板结，但有效营养元素含量少，后期易早衰。春季升温快，适宜茄果类、瓜类、芦笋等蔬菜的早熟性栽培，也适于根菜类、薯芋类等地下产品器官的肥大生长。生产上应增施基肥，重视后期补肥。

2. 壤土。质地松细适中，保水、保肥力好且含有较多的有机质和矿质营养，是一般蔬菜生长最适宜的土壤。

3. 黏壤土。土壤易板结，但营养元素含量丰富，具有丰产潜力，但春季升温慢。适宜大型叶菜类、水生蔬菜等的晚熟丰产栽培。

（二）对土壤营养的要求

1. 不同种类蔬菜对土壤营养的需求。叶菜类对氮素营养的需求量比较大，根、茎菜类、叶球类等有营养贮藏器官形成的蔬菜对钾的需求量相对较大，而果菜类需磷较多一些。

除氮、磷、钾外，一些蔬菜对其他营养元素也有特殊的要求，如大白菜、芹菜、莴苣、番茄等对钙的需求量比较大；嫁接蔬菜对缺镁反应比较敏感，镁供应不足容易发生叶枯病；芹菜、菜豆等对缺硼比较敏感，需硼较多。

2. 蔬菜不同生育时期对土壤营养的要求。发芽期，主要依靠自身营养生长，一般不需要土壤营养。幼苗期，对土壤营养要求严格，单株需肥量虽少，但在苗床育苗时，由于植株密集，相对生长量大，需要充足的营养，要求较多的氮、磷。产品器官形成期是蔬菜一生中需肥量最大的时期，应注重钾肥使用。

果菜类进入结果期后，是产量形成的主要时期，需要充足的肥料，要氮、磷、钾配合使用。在种子形成期或贮藏器官形成后期，茎叶中的养分要进行转移，需肥量减少。

参考文献

韩世栋.2006.蔬菜生产技术（高职高专国家"十一五"规划教材）.北京：中国农业出版社.

焦自高，徐坤著.2002.蔬菜生产技术.北京：高等教育出版社.

陕西省农业学校.1998.蔬菜栽培学.北京：中国农业出版社.

单元自测

1. 蔬菜常用分类方法有哪几种？各有什么优点和缺点？

2. 按照蔬菜对温度的适应能力不同，一般将蔬菜分为哪几种类型？各有哪些特点？

3. 根据蔬菜对光照的要求不同，通常将蔬菜分为哪几种类型？各有什么特点？

4. 蔬菜对土壤营养有哪些要求？

技能训练指导

一、蔬菜种类识别

（一）训练目的

通过训练，使学员掌握不同种类蔬菜的特点，达到熟练区分蔬菜类型的目的。

（二）训练场所

室内。

（三）训练材料

蔬菜挂图、采集的蔬菜新鲜样本、标本等。

（四）训练内容

在教师的指导下，完成以下训练：

1. 认真辨认各类蔬菜的特征。

2. 按照蔬菜植物学分类法、食用器官分类法和农业生物学分类法的要求，对观察蔬菜进行分类。

二、蔬菜生育期观察

（一）训练目的

通过训练，使学员掌握不同蔬菜各生育时期的特点，达到熟练区分蔬菜不同生育时期的目的。

（二）训练场所

室内、蔬菜生产田。

（三）训练材料

蔬菜挂图、田间生长着的不同蔬菜。

（四）训练内容

在教师的指导下，完成以下内容：

1. 认真辨认各类蔬菜不同生育时期的特征。

2. 根据不同蔬菜各生育时期的特点，准确判断蔬菜的生育时期。

学习笔记

模块三
茬口安排和品种选择

1 茬口安排技术

■ 栽培季节确定的方法

（一）根据设施类型确定栽培季节

不同设施适宜蔬菜生产的时间是不相同的，对于温度条件好，可周年进行蔬菜生产的加温温室以及节能型日光温室（有区域限制），其栽培季节确定比较灵活，可根据生产和供应需要，随时安排生产。温度条件稍差的普通日光温室、塑料拱棚、风障畦等，栽培喜温蔬菜时，其栽培期一般仅较露地提早或延后 15～40 天，季节安排受限制比较大，多于早春播种或定植，初夏收获，或夏季播种、定植，秋季收获。

（二）根据市场需求确定栽培季节

设施蔬菜栽培应避免其主要产品的上市期与露地蔬菜发生重叠，尽可能地把蔬菜的主要上市时间安排在国庆至翌年的五一期间。在具体安排上，温室蔬菜应以 1～2 月为主要上市期，普通日光温室与塑料大拱棚应以 5～6 月和 9～11 月为主要的上市期。

▰ 设施蔬菜主要茬口

（一）季节茬口

1. 冬春茬。一般于中秋播种或定植，入冬后开始收获，翌年春末结束生产，主要栽培时间为冬春两季。冬春茬为温室蔬菜的主要栽培茬口，主要栽培一些结果期比较长、产量较高的果菜类。在冬季不甚严寒的地区，也可以利用日光温室、阳畦等对一些耐寒性强的叶菜类，如韭菜、芹菜、菠菜等进行冬春茬栽培。冬春茬蔬菜的主要供应期为1～4月份。

2. 春茬。一般于冬末早春播种或定植，4月前后开始收获，盛夏结束生产。春茬为温室、塑料大棚以及阳畦等设施的主要栽培茬口，主要栽培一些效益较高的果菜类以及部分高效的绿叶蔬菜。在栽培时间安排上，温室一般于2～3月份定植，3～4月份开始收获；塑料大拱棚一般于3～4月份定植，5～6月份开始收获。

3. 夏秋茬。一般春末夏初播种或定植，7～8月份收获上市，冬前结束生产。夏秋茬为温室和塑料大拱棚的主要栽培茬口，利用温室和大棚空间大的特点，进行遮阳栽培。主要栽培一些夏季露地栽培难度较大的果菜及高档叶菜等，在露地蔬菜的供应淡季收获上市，具有投资少、收效高等优点，较受欢迎，栽培规模扩大较快。

4. 秋茬。一般于7～8月份播种或定植，8～9月开始收获，可供应到11～12月份。秋茬为普通日光温室及塑料大拱棚的主要栽培茬口，主要栽培果菜类，在露地果菜供应旺季后、加温温室蔬菜大量上市前供应市场，效益较好，但也存在着栽培期较短、产量偏低等问题。

5. 秋冬茬。秋冬茬为温室蔬菜的重要栽培茬口之一，是解决北方地区国庆至春节阶段蔬菜（特别是果菜）供应不足所不可缺少的。该茬蔬菜主要栽培果菜类，栽培前期温度高，蔬菜容易发生旺长，栽培后期温度低、光照不足，容易早衰，栽培难度比较大。

6. 越冬茬。一般于晚秋播种或定植，冬季进行简单保护，翌年春季提早恢复生长，并于早春供应。越冬茬是风障畦蔬菜的主要栽培茬口，主要栽培温室、塑料大拱棚等大型保护设施不适合种植的根菜、茎菜以及叶菜类等，如韭菜、芹菜、莴苣等，是温室、塑料大拱棚蔬菜生产的补充。

（二）土地利用茬口

1. 一年单种单收。 主要是风障畦、阳畦及塑料大拱棚的茬口。风障畦和阳畦一般在温度升高后或当茬蔬菜生产结束后，撤掉风障和各种保温覆盖，转为露地蔬菜生产。在无霜期较短的地区，塑料大拱棚蔬菜生产也大多采取一年单种单收茬口模式，在一些无霜期比较长的地区，也可选用结果期比较长的晚熟蔬菜品种，在塑料大拱棚内进行春到秋高产栽培。

2. 一年两种两收。 主要是塑料大拱棚和温室的茬口。

塑料大拱棚（包括普通日光温室）主要为"春茬→秋茬"模式，两茬口均在当年收获完毕，适宜于无霜期比较长的地区。

温室主要分为"冬春茬→夏秋茬"和"秋冬茬→春茬"两种模式。

该茬口中的前一季节茬口通常为主要的栽培茬口，在栽培时间和品种选用上，后一茬口要服从前一茬口。为缩短温室和塑料大棚的非生产时间，除秋冬茬外，一般均应进行育苗栽培。

2 品种选择技术

■ 品种类型与特点

蔬菜的品种分类方法比较多，有根据生长期长短分类的，也有根据蔬菜的形状、产地、生产标准、销售地等不同进行分类的。目前生产上应用较多的是根据生长期进行的分类，一般把蔬菜品种分为以下3类：

（一）早熟品种

一般生长期较短，蔬菜成熟早，上市也早。性耐寒（春作早熟品种）或耐热（秋作早熟品种）。早熟品种的上市期一般为蔬菜供应淡季，价格高，经济效益好。但因生长期短，体形小，产量较低，为获取高产，生产上多采取密集。早熟品种多不耐贮运，适合就地销售，因此种植规模不宜过大。

（二）中熟品种

一般生长期长，成熟稍晚。中熟品种的耐寒性与耐热性均一般，上市期晚于早熟品种，但产量高，同时因兼顾早熟与高产原因，为当前的主要栽培品种类型，品种数量也较多。

（三）晚熟品种

一般生长期比较长，成熟较晚，但产量高，产品也较耐贮运，多做高产栽培。晚熟品种一般较耐高温（春作晚熟品种）或耐低温（秋作晚熟品种），株形较大，单株产量高，种植密度小，是温室大棚蔬菜高产栽培（或全年一茬栽培）的主要品种。

■ 品种选择方法

（一）根据栽培模式选择品种

要求所选用的蔬菜品种与所选的栽培模式相适应。

通常，选择栽培期短的栽培模式时，应优先选用早熟品种；选择栽培期较长的栽培模式时，应选择生产期较长的中晚熟品种；冬春季保护地栽培，应选用耐寒耐弱光能力强、在弱光和低温条件下容易坐果的品种；用塑料大棚进行春、秋栽培时，应选择耐寒、耐热力强、适应性和丰产性均较强的中晚熟品种。

（二）根据消费习惯选择品种

要求所选用的蔬菜品种在形状、颜色等方面适合当地或外销地的消费习惯。以辣椒为例，南方地区较喜欢辣味较浓的辣椒品种，北方地区则相对较喜欢辣味较淡的辣椒品种；就果形来讲，南方地区相对比较喜欢牛角椒、羊角椒等长椒类品种，北方地区则相对比较喜欢大甜椒、柿子椒等大果类品种。

（三）根据栽培季节选择品种

一般，冬季温室栽培蔬菜多以供应大中城市和酒店、宾馆为主，适宜选择高档蔬菜品种，如选择水果蔬菜、精细蔬菜品种；春季栽培多以供应当地市场为主，应选择早熟、耐寒性强的蔬菜品种，以争取早熟，拉大与露地蔬菜主要上市期的距离；夏秋栽培则应选择耐高温能力强、耐潮湿、抗病性强的中晚熟蔬菜品种，争取早播种定植，提高产量。

（四）根据生产目的选择品种

以产品就地销售为主要栽培目的时，应选择果实的形状、色泽、口感等符合当地消费习惯的品种；而以外销为主要目的时，除了应当考虑外销地的消费习惯外，还应考虑果实的耐贮运能力，应选择耐贮运能力强的品种；生产出口蔬菜时，除了考虑产量外，还应考虑出口蔬菜的出口标准要求，所选品种必须符合收购单位的产品标准要求。

（五）根据病虫害发生情况选择品种

应选择对当地发生严重病害抗性强的蔬菜品种。如：冬春季保护地内栽培辣椒，要求所用品种对辣椒枯萎病、疮痂病、青枯病、软腐病等主要病害具有较强的抗性或耐性。

参考文献

韩世栋 .2012. 蔬菜生产技术（北方本）. 北京：中国农业出版社 .

焦自高，徐坤.2002.蔬菜生产技术.北京：高等教育出版社.
张福墁.2001.设施园艺学.北京：中国农业大学出版社.

单元自测

1. 简述设施蔬菜栽培季节确定的方法。

2. 设施蔬菜主要有哪些茬口？各有哪些特点？

3. 比较蔬菜早熟品种、中熟品种和晚熟品种，并简述其主要区别。

4. 怎样选择蔬菜品种？

技能训练指导

蔬菜不同品种类型的观察比较

（一）训练目的

通过训练，使学员掌握蔬菜不同品种类型的特征。

（二）训练场所

室内。

（三）训练材料

蔬菜挂图、采集的新鲜样本及标本等。

（四）训练内容

在教师的指导下，完成以下训练：

1. 掌握主要蔬菜早、中、晚熟品种的主要特点。

2. 比较黄瓜（或番茄）早、中、晚熟品种的主要差异。

学习笔记

模块四
播种与育苗

1 设施蔬菜壮苗标准

■ 通用标准

秧苗生长健壮，高度适中；大小整齐，茎秆粗壮，颜色深，节间短，既不徒长，也不老化；叶片大而厚，叶形和叶色正常，子叶完整，不过早脱落或变黄；根系发达，保护完整；果类蔬菜秧苗的花芽分化早，发育良好，但不现或少量现花蕾；叶菜类没有形成花芽或花芽分化晚；穴盘集约育苗以及外销苗的苗龄宜小，育苗钵育苗可适当大些。

■ 主要蔬菜壮苗标准

（一）黄瓜

1. 普通黄瓜壮苗标准。秧苗生长健壮，育苗钵育苗有 4～5 片真叶（穴盘集约育苗 3～4 叶），叶片较大，呈深绿色，子叶健全，厚实肥大；株高 15 厘米左右，下胚轴长度不超过 6 厘米，茎粗 5～6 毫米，能见雌瓜纽；根系发达、较密、白色，没有病虫害；生长势强，对不良环境条件有较强的适应性。

2. 嫁接黄瓜壮苗标准。嫁接口愈合正常；苗生长整齐，育苗钵育苗有 3～4 片真叶（穴盘集约插接育苗 2～3 叶），叶色正常，无病叶；无检疫性病虫害，无损伤；苗高 15～20 厘米，茎粗 0.4～0.6 厘米，嫁接口高度 6～8 厘米；砧木子叶、接穗子叶完好；根系完整量多，根色白；生长势强，对不良环境条件有较强的适应性。

（二）番茄

1. 普通番茄壮苗标准。秧苗健壮，株顶平而不突出，高度 15 厘米左右；育苗钵育苗有 6～8 片叶（穴盘集约育苗 4 叶左右），叶片舒展，叶色深绿，表面茸毛多；子叶健全，完整；茎粗壮，横径 0.6～1 厘米，节间短，茸毛多；第一花序不现或少量现而未开放；根系发达，侧根数量多，呈白色，保护完整；无病虫害；生长势强，对不良环境条件有较强的适应性。

2. 嫁接番茄壮苗标准。嫁接苗嫁接接口处愈合良好，嫁接口高度 8～10 厘米；生长健壮、整齐；根系发达，保护完整；茎粗 0.6～0.8 厘米，节间短；育苗钵育苗有 5～6 片正常叶片（穴盘集约育苗 4～5 叶），砧木子叶健全，完整；无病虫害；生长势强，对不良环境条件有较强的适应性。

（三）辣椒

秧苗植株挺拔健壮，株顶平而不突出；育苗钵育苗有 8～10 片正常叶（穴盘集约育苗 5～6 叶），叶片舒展，叶色绿，有光泽；子叶健全，完整；苗高 15～20 厘米，茎粗 0.4～0.5 厘米，节间较短；第一花序不现或少量现而未开放；根系发达，侧根数量多，保护完整；无病虫危害；生长势强，对不良环境条件有较强的适应性。

（四）茄子

1. 普通茄子壮苗标准。秧苗挺拔健壮，株顶平而不突出；具有 6～7 片正常叶（穴盘集约育苗 4 叶左右），叶片肥厚且舒展，叶色深绿带紫色，叶茸毛较多；子叶健全，完整；苗高 15 厘米左右；茎粗壮，茸毛较多，节间短，直径 0.6～1 厘米；门茄花蕾不现或少量现而未开放；根系发达，侧根多，保护完整；无病虫症状。

2. 嫁接茄子壮苗标准。嫁接苗嫁接接口处愈合良好，嫁接口高度 8～10 厘米；生长健壮、整齐；砧木根系发达，保护完整；茎粗 0.6～1 厘米；育苗钵育苗有 6～7 片正常叶片（穴盘集约育苗 4 叶 1 心左右），砧木子叶健全，完整；无病虫害；生长势强，对不良环境条件有较强的适应性。

（五）菜豆、豆角

育苗钵或穴盘育苗；秧苗生长健壮，具有 1～2 片真叶，叶片大，颜色深绿；子叶健全，完整；茎粗，节间短，苗高 5～8 厘米；根系发达，保护完整；无病虫害；生长势强，对不良环境条件有较强的适应性。

（六）甘蓝、花椰菜

育苗钵或穴盘育苗；秧苗生长健壮，具有 6～8 片叶，叶色深绿，叶丛紧凑，节间短；子叶健全，完整；根系发达，保护完整；无病虫害；生长势强，对不良环境条件有较强的适应性。

2 育苗设施准备

■ 电热温床

电热温床是指在畦土内或畦面铺设电热线，低温期用电能对土壤进行加温的蔬菜育苗畦或栽培畦的总称。

（一）电热温床的基本结构

电热温床由保温层、散热层、电热线、床土和覆盖物 4 部分组成，如图 4-1 所示。

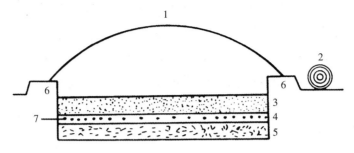

图 4-1 电热温床基本结构

1. 透明覆盖物 2. 保温覆盖物 3. 床土层 4. 散热层 5. 隔热层 6. 畦框 7. 电热线

1. 隔热层。是铺设在床坑底部的一层厚 10～15 厘米的秸秆或碎草，主要作用是阻止热量向下层土壤中传递散失。

2. 散热层。是一层厚约 5 厘米的细沙，内铺设有电热线。沙层的主要作用是均衡热量，使上层床土均匀受热。

3. 电热线。为一些电阻值较大、发热量适中、耗电少的金属合金线，外包塑料绝缘皮。为适应不同生产需要，电热线一般分为多种型号，每种型号都有相应的技术参数。表 4-1 为上海 DV 系列电热线的主要型号及技术参数。

表 4-1 DV 系列电热线的主要型号及技术参数

型号	电压（伏）	电流（安）	功率（瓦）	长度（米）	色标	使用温度（℃）
DV20406	220	2	400	60	棕	≤40
DV20608	220	3	600	80	蓝	≤40
DV20810	220	4	800	100	黄	≤40
DV21012	220	5	1 000	120	绿	≤40

4. 床土。床土厚度一般为 12～15 厘米。育苗钵育苗不铺床土，一般将育苗钵直接排列在散热层上。

5. 覆盖物。分为透明覆盖物和不透明覆盖物两种。透明覆盖物的主要作用是白天利用光能使温床增温，不透明覆盖物用于夜间覆盖保温，减少耗电量，降低育苗成本。

（二）电热温床建造准备

一般使用 220 伏交流电源。当功率电压较大时，也可用 380 伏电源，并选择与负载电压相配套的交流接触器连接电热线。

1. 电热线用量确定。

电热线根数＝温床需要的总功率/单根电热线的额定功率

温床需要总功率＝温床面积×单位面积设定功率

单位面积设定功率主要是根据育苗期间的苗床温度要求来确定的。冬春季播种床的设定功率以 80～120 瓦/米² 为宜，分苗床以 50～100瓦/米² 为适宜。

因出厂电热线的功率是额定的，不允许剪短或接长，因此当计算结果出现小数时，应在需要功率的范围内取整数。

2. 电热线道数确定计算公式。

电热线道数＝（电热线长－床面宽）/床面长

为使电热线的两端位于温床的同一端，方便线路连接，计算出的道数应取偶数。

3. 电热线行距确定计算公式。

电热线行距＝床面宽/（布线道数－1）

确定电热线行距时，中央行距应适当大一些，两侧行距小一些，并且最外两道线要紧靠床边。苗床内、外相邻电热线行距一般差距 3 厘米左右为宜。为避免电热线间发生短路，电热线最小间距应不小于 3 厘米。

4. 附属设备准备。

（1）控温仪。控温仪的主要作用是根据温床内的温度高低变化，自动控制电热线的线路切、断。不同型号控温仪的直接负载功率和连线数量不完全相同，应按照使用说明进行配线和连线。

（2）交流接触器。其主要作用是扩大控温仪的控温容量。一般当电热线的总功率＜2 000 瓦（电流 10 安以下）时，可不用交流接触器，而将电热线直接连接到控温仪上。当电热线的总功率＞2 000 瓦（电流 10 安以上）时，应将电热线连接到交流接触器上，由交流接触器与控温仪相连接。

（3）其他组成部分。包括开关、漏电保护器等。

（三）电热温床建造技术

1. 挖筑床坑。 按设计图挖筑床坑。

2. 铺隔热层和细沙。 在床坑底部铺设一层厚度 12 厘米左右的隔热材料，整平、踩实后，再平铺一层厚约 3 厘米的细沙。

3. 布线。 取两块长度同床面宽的窄木板，按线距在板上打钉。将两木板平放到温床的两端，然后将电热线绕钉拉紧、拉直。拉好线并检查无交叉、连线后，在线上平铺一层厚约 2 厘米的细沙将线压住，之后撤掉两端木板。

电热线数量少、功率不大时，一般采用图 4-2、图 4-3 的连接法即可。电热线数量较多、功率较大时，应采用图 4-4、图 4-5 的连接法。

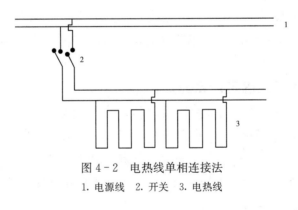

图 4-2　电热线单相连接法
1. 电源线　2. 开关　3. 电热线

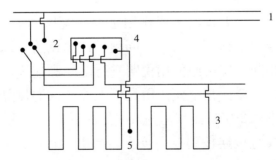

图 4-3　电热线单相加控温仪连接法
1. 电源线　2. 开关　3. 电热线　4. 控温仪　5. 感温探头

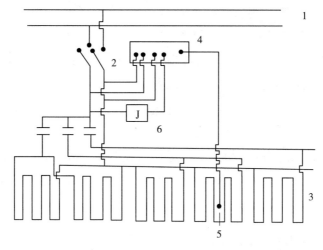

图 4-4 电热线单相加控温仪加接触器连接法

1. 电源线 2. 开关 3. 电热线 4. 控温仪 5. 感温探头 6. 交流接触器

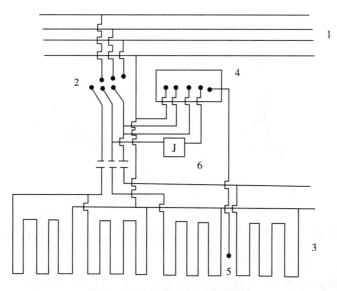

图 4-5 电热线三相四线连接法

1. 电源线 2. 开关 3. 电热线 4. 控温仪 5. 感温探头 6. 交流接触器

4. 铺育苗土或摆放育苗钵。根据需要铺相应厚度的育苗土。如果使用育苗容器则可以将育苗容器直接摆放在散热层上。

5. 连接控温仪。按照控温仪的使用说明书进行。当电热线的总功率小于 2 000 瓦（电流为 10 安以下）时，将电热线直接连接到控温仪上即可。当电热线的总功率大于 2 000 瓦（电流为 10 安以上）时，应将电热线连接到交流接触器上，由交流接触器与控温仪相连。连接后，将控温仪的温度探头埋入育苗土内。

■ 阳畦

阳畦是在风障畦的基础上，将畦底加深、畦埂加高加宽，白天用玻璃窗或塑料拱棚覆盖，夜间覆盖草苫保温，以阳光为热量来源的简易保护设施。

（一）阳畦的基本结构

阳畦主要由风障、畦框和覆盖物组成，如图 4 - 6 所示。

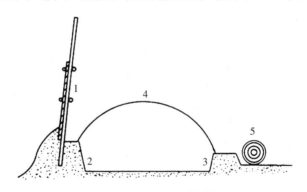

图 4 - 6　阳畦的基本结构
1. 风障　2. 北畦框　3. 南畦框　4. 塑料拱棚（或玻璃窗扇）　5. 保温覆盖物

1. 风障。一般高度 2～2.5 米，由篱笆、披风和土背组成。篱笆和披风较厚，防风、保温性能较好。

2. 畦框。畦框的主要作用是保温以及加深畦底，扩大栽培床的空间。多用土培高后压实制成，也有用砖、草把等砌制或垫制而成。

育苗用阳畦一般南畦框高 20～40 厘米，北畦框高 35～60 厘米，南低北高，畦口形成一自然的斜面。东西两畦框与南北畦框相连接，宽度同南畦框。

3. 覆盖物。白天一般覆盖透明覆盖材料，夜间加盖草苫、纸被、无纺布等。

（二）阳畦设置

阳畦应建于背风向阳处，育苗用阳畦要靠近栽培田。为方便管理以及增强阳畦的综合性能，阳畦较多时应集中成群建造。群内阳畦的前后间隔距离应不少于风障高度的 3 倍，避免前排阳畦对后排造成遮阴。

（三）阳畦建造技术

1. 平整地面。冬前，先将栽培畦北侧外的地面整平，便于统一整齐挖沟。

2. 打畦框。一般在秋收后冰冻前进行。首先把耕层表土铲在一边留作育苗用。若土太干，需提前 2～3 天浇水，使土保持足够湿度。畦框一般取潮土，上一层土，随即踩实或拍紧，达到要求高度后，用铁锨将框面修平。畦框北墙较高时，也可上夹板装土夯实，然后用扎锨按尺寸铲修。

3. 立风障。畦框做成后，在畦框北墙外挖一条沟，沟深 25～30 厘米，挖出的土翻在沟北侧。然后将加固风障的竹竿或木杆按一定间隔插入沟底 10 厘米以下，并将高粱秸或玉米秆等，与畦面成 75°角，立入沟内，然后将土回填到风障基部。在风障北面贴附稻草或草苫，再覆以披土并用锨拍实。最后，在风障离后墙顶 1 米高处加一道腰栏，把风障和披风夹住捆紧。

4. 支拱架。在畦口上方插竹竿支成拱架，上覆塑料薄膜，夜间加盖草苫。

3 蔬菜育苗方法

■ 育苗土育苗

育苗土是指人工培育的适合蔬菜秧苗生长发育的育苗用土。一般蔬菜育苗土要求含有丰富的有机质，有机质含量不少于30%；疏松通气，具有良好的保水、保肥性能；物理性状良好，浇水时不板结，干时不裂，总孔隙60%左右；床土营养完全，要求含速效氮100～200毫克/千克、速效磷150～200毫克/千克、速效钾100～150毫克/千克，并含有钙、镁和多种微量元素；pH 6.5～7；无病菌、虫卵。

育苗土育苗能够为蔬菜秧苗提供丰富的土壤营养，并且土壤疏松通气性好，有利于根系的发育，易于培育壮苗。但缺点是秧苗移植和定植过程中，对根系造成伤害，秧苗定植后需要较长的缓苗期。同时，由于育苗土容易脱落，秧苗也不方便搬运和运输。另外，育苗土也容易发生板结，影响根系的发育。

目前，育苗土多用于露地蔬菜育苗，保护地蔬菜育苗应用较少。育苗土配制和播种技术要点如下：

（一）配制育苗土

1. 育苗土配方。

（1）播种床土配方。田土6份，腐熟有机肥4份。土质偏黏时，应掺入适量的细沙或炉渣。

（2）分苗床土配方。田土或园土7份，腐熟有机肥3份。分苗床土应具有一定的黏性，以利从苗床中起苗或定植取苗时不散土。

2. 材料准备。

（1）田土。是指卫生、不含蔬菜病菌和害虫，适合蔬菜育苗用的一类土壤的总称。粮田土、豆田土、葱蒜田土等均为理想的育苗用田土。田土应充分捣碎、捣细，并过筛，筛除大的土块、石头、草根等。时间充足时，田土最好摊开在阳光下晒几天。

（2）有机肥。适合育苗用的有机肥主要是马粪、猪粪、鹿粪等质地较为疏松、速效氮含量低的粪肥，鸡粪、鸽粪、兔粪、油渣等高含氮有机肥容易引起菜苗旺长，施肥不当时也容易发生肥害，应慎重使用。有机肥必须充分腐熟并捣碎后才能用于育苗。

（3）细沙和炉渣。主要作用是调节育苗土的疏松度，增加育苗土的空隙。

（4）化肥。主要使用优质复合肥、磷肥和钾肥。化肥的用量应小，一般播种床土每立方米的总施肥量 1 千克左右，分苗床土 2 千克左右。

（5）农药。主要有多菌灵或甲基硫菌灵、辛硫磷或敌百虫等杀菌、杀虫剂，每立方米育苗土用量 150～200 克。

3. 混拌。将田土、有机肥、化肥、农药、炉渣等按要求比例充分混拌均匀。

农药为可湿性粉剂时，一般先与少量细土混拌均匀，再混入育苗土堆里。乳剂型农药一般先加少量的水稀释，然后结合混拌土，用喷雾器均匀喷入育苗土内。

4. 堆放。育苗土混拌均匀后培成堆，上用薄膜封盖严实，让农药在土内充分扩散，进行灭菌、杀虫，7～10 天后再用来育苗。

（二）播种

用催芽处理的种子播种。低温期选晴暖天上午播种。播前浇足底水，水渗下后，在床面薄薄撒盖一层育苗土，防止播种后种子直接黏到湿漉漉的畦土上，发生糊种。

小粒种子用撒播法，大粒种子用点播法。催芽的种子表面潮湿，不易撒开，可用细沙或草木灰拌匀后再撒。播后覆土，并用薄膜平盖畦面。

■ 育苗钵育苗

育苗钵是用塑料或纸制成的形似水杯状或筒状的育苗容器（图 4 - 7）。育苗钵育苗，育苗土或育苗基质保持完整，护根效果好，秧苗定植后缓苗快，甚至不需要缓苗，发棵快，进入生产期也早。另外，由于育苗钵的保护，秧苗也便于搬运和运输。育苗钵育苗的主要不足是育苗钵用量大，育苗钵搬运费工费力，也不利于机械化播种和管理。育苗钵育苗法目前主要用于小型农场、大棚种植户等自给自足型的育苗。

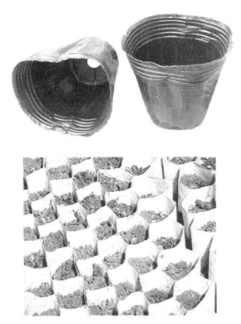

图 4-7 塑料钵和纸钵

育苗钵选择与育苗基质配制要点如下：

（一）育苗钵的选择

1. 塑料钵。 是一种有底、形似水杯的育苗钵，主要用来培育较大型蔬菜苗。其型号有 5×5、8×8、8×10、10×10、12×12、15×15（第一个数值代表育苗钵的口径，第二个数值代表育苗钵的高度，单位为厘米）等几种，可根据蔬菜育苗期的长短及苗子的大小来确定所需要的型号。

2. 纸钵。 是用纸手工黏制、叠制或机制的育苗钵。手工制作的纸钵分为纸筒钵和纸杯钵两种，前者多为人工黏制，后者主要是人工叠制而成。机制纸钵多为叠拉式的连体纸钵，平日叠放起来易于保存和携带，使用时拉开成多孔的纸盘。

纸钵的成本极低，取材也很广，并且纸钵可与苗一起定植于地里，腐烂后成为土壤有机质，不污染环境。一些用特殊纸制作的育苗钵还能够对土壤进行灭菌、对幼苗提供营养等，应用前景广阔。但纸钵也存在着易破裂，特别在被水润湿后更容易发生破裂，不耐搬运，护根效果不理想以及保水能力比较差，容易失水使钵土变干燥，需要经常浇水等不足。

（二）配制育苗土与育苗基质

1. 配制育苗土。育苗钵育苗用育苗土应适当减少田土的用量，增加有机质的用量，以增大育苗土的疏松度。适宜的田土用量为40％～50％，有机肥中应增加腐熟秸秆或碎草的用量，使有机肥的总用量达到50％～60％。育苗土的其他材料配方同普通育苗土。

在育苗钵内直接播种时，营养土应适当多一些，以保证蔬菜苗有足够多的营养土，适宜的装土量为容器高的8分满，上部剩余的部分留作浇水用。如果是在其他苗床培育小苗，在容器内栽苗培育大苗，装土量应适当少一些，以容器的6～7分满为宜，以利于栽苗。

装土松紧度要适宜。装土过松，浇水后容器内的土容易随水发生流失，减少土量，不利于培育壮苗；装土过紧，浇水后，水不能及时下渗，容易长时间在容器内发生积水。

育苗过程中，当容器内的育苗土发生流失，出现露根现象时，应及时补充育苗土，使容器内的育苗土量达到要求的高度。如果容器内的育苗土装填过紧，引起容器内积水时，用一细木棍从育苗土中央插一细孔，引水下渗。

2. 配制育苗基质。一般用泥炭土、蛭石、珍珠岩、菇渣、炉渣等，目前应用较多的是泥炭土（2份）与珍珠岩（1份）的混合基质。

每立方米基质中加入50％多菌灵150～200克进行消毒，同时加入复合肥2～3千克，或消毒干鸡粪10～15千克、复合肥1～1.5千克。

3. 播种。育苗钵直播一般采用点播法，浇透水后，在育苗钵中央、水冲出的小穴内播种1～2粒带芽的种子。

■ 穴盘育苗

穴盘是以聚苯乙烯、聚苯泡膜、聚氯乙烯和聚丙烯等为原料，经过吹塑或注塑而制成的带有许多个规则排列穴孔的育苗盘（图4-8）。

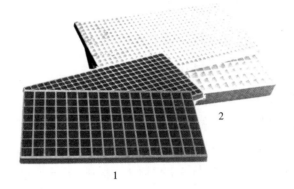

图4-8 育苗穴盘
1.聚氯乙烯穴盘 2.聚苯泡膜穴盘

穴盘育苗一般选用无土基质育苗，基质重量轻，通气性好，秧苗根系发育好。另外，秧苗以穴盘为单位进行管理，从基质混拌、装盘、播种、覆盖等一系列作业可实现自动控制，也易于进行机械化肥水管理等；育苗基质不易散坨，与根系紧密接触，利于秧苗搬运，是现代集约化育苗的主要形式。但由于穴盘空间大小有限、孔穴间隔小，穴盘育苗多以培育小苗为主，苗龄较短，育苗周期也短。除了育苗工厂外，一些大型农场也多采用穴盘育苗法育苗。

穴盘选择与基质配制技术要点如下：

（一）穴盘选择

标准穴盘的尺寸为54厘米×28厘米，因穴孔直径大小不同，孔穴数在18～800个。穴孔的规格从1.5厘米×1.5厘米×2.5厘米到5厘米×5厘米×5.5厘米不等，前两个数值表示穴孔的长和宽，后一个数值表示穴孔的深度。蔬菜育苗中常用的穴盘一般为50穴、72穴、128穴、288穴、392穴等多种。孔穴越多，单孔容积越小，越不利于培育大苗。因此，要根据蔬菜的种类选择穴盘的规格型号。如黄瓜培育3～4片真叶苗，宜选用50～72穴穴盘；培育番茄2叶1心苗可选用288穴穴盘，培育4～5片叶苗应选用128穴穴盘、培育6

叶 1 心苗应选用 72 穴穴盘。

（二）配制育苗基质

通用基质配方：草炭：蛭石＝2：1，或草炭：蛭石：废菇料＝1：1：1。

基质重复使用时要进行消毒处理。冬春季配制基质时，每立方米加入 15：15：15 氮磷钾三元复合肥 2.5 千克，或每立方米基质加入 1.2 千克尿素、1.2 千克磷酸二氧钾，肥料与基质混拌均匀后备用。夏季配制基质时，每立方米加入 15：15：15 氮磷钾三元复合肥 2 千克。

将配好的基质放到穴盘上。用刮板从穴盘的一侧刮向另一侧，使每个穴孔中都装满基质。将穴盘垂直码放在一起，4～5 盘一摞。上面放一空盘，用手均匀下压至 1 厘米为止，将穴内基质压紧。

■ 嫁接育苗

蔬菜嫁接育苗技术应用的比较早，但广泛应用却是在设施蔬菜生产迅速发展起来后才开始的，目前嫁接育苗已成为温室和塑料大棚瓜果类蔬菜的主要育苗方式之一。

嫁接苗通过选择抗性较强的野生或栽培品种作砧木，提高蔬菜的防病能力和抗病性，减少土壤传播病害以及其他病害对蔬菜的危害；扩大蔬菜的根系，增强吸肥吸水能力，有利于培育壮苗；增强蔬菜的生长势，提高蔬菜的抗寒、耐高温、耐盐等的能力；延长结果期，增加产量，一般可增加产量 20％以上，高产者甚至可增产数倍以上。如：嫁接西瓜比自根西瓜增产 1 倍以上，嫁接黄瓜增产 30％～50％，嫁接番茄增产 50％以上，嫁接茄子增产 1～2 倍。

（一）嫁接方法选择

蔬菜嫁接育苗主要应用于瓜类蔬菜和茄果类蔬菜育苗，嫁接方法多种多样，有靠接法、插接法、劈接法、贴接法、中间砧法、靠劈接法、套管法等，其中以靠接法、插接法、劈接法和贴接法应用较广泛。

1. **靠接法**。靠接法是将蔬菜与砧木的苗茎靠在一起，两株苗通过苗茎上的切口互相咬合而形成一株嫁接苗，如图4-9所示。

图4-9　蔬菜靠接法

1. 砧木苗截短　2. 砧木苗茎去侧芽、削切接口　3. 接穗苗茎削切接口
4. 接口嵌合、接口固定　5. 栽苗　6. 切断接穗苗茎

　　靠接法中的蔬菜苗带根嫁接，嫁接苗成活期，蔬菜苗能够从土壤中吸收水分自我供应，不容易失水萎蔫，嫁接苗的成活率比较高，一般成活率达80％以上。但靠接法也存在着嫁接工序比较多，工效比较低；蔬菜苗的嫁接位置偏低，并且嫁接苗成活，蔬菜切断苗茎后留茬也往往偏长，防病效果不理想；嫁接苗容易从接口处发生折断和劈裂等不足。

　　目前，靠接法主要应用于土壤病害不甚严重的黄瓜、丝瓜、西葫芦等蔬菜的冬春设施嫁接栽培中，其主要目的是提高蔬菜的抗寒能力，增强在低温期的生长势。

　　2. **插接法**。插接法是用竹签或金属签在砧木苗茎的顶端或上部插孔，把削好的蔬菜苗茎插入插孔内而组成一株嫁接苗，如图4-10所示。根据蔬菜苗穗在砧木苗茎上的插接位置不同，插接法又分为顶端插接和上部插接两种形式，以顶端插接应用的较为普遍。

　　插接苗上的蔬菜苗穗距离地面比较远，苗茎上不容易产生不定根，防病效果比较好；蔬菜和砧木间的接合比较牢固，嫁接部位不容

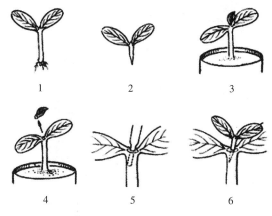

图 4 - 10　蔬菜插接法

1. 接穗苗　2. 接穗苗茎削切　3. 砧木苗　4. 砧木苗去心　5. 砧木苗茎插孔　6. 接穗插入

易发生劈裂和折断。但是，插接法属于蔬菜断根嫁接，蔬菜苗穗对干燥、缺水以及高温等不良环境的反应较为敏感，嫁接苗的成活率高低受气候和管理水平的影响很大，不容易掌握。

插接法主要应用于西瓜、厚皮甜瓜、番茄和茄子等以防病栽培为主要目的嫁接育苗。

3. 劈接法。也称为切接法。该法是将砧木苗茎去掉心叶和生长点后，用刀片由顶端将苗茎纵劈一切口，把削好的蔬菜苗穗插入并固定牢固后形成一株嫁接苗，如图 4 - 11 所示。根据砧木苗茎的劈口宽度不同，劈接法又分为半劈接和全劈接两种方式。

半劈接法适用于砧木苗茎较粗而接穗苗茎相对较细的嫁接组合，其砧木苗茎的切口宽度一般只有苗茎粗的 1/2 左右。全劈接法是将整个砧木苗茎纵切开一道口，该嫁接法较适用于砧木与接穗苗茎粗细相近或砧木苗茎稍粗一些的嫁接组合。

劈接法的接穗嫁接在砧木苗茎的顶端，距离地面较远，不容易遭受地面污染，也不易产生不定根，防病效果比较好；接穗苗不带根嫁接，容易进行嫁接操作，技术简单、易学，嫁接质量也容易掌握。但劈接法也存在着嫁接操作复杂、工效较低，一般人员日嫁接苗只有500～800 株；接穗不带自根，对缺水和高温等的反应比较敏感，嫁接苗的成活率不容易掌握；接口处容易发生劈裂等不足。

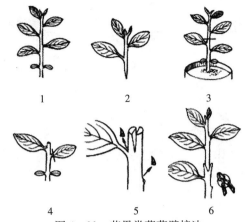

图 4-11 茄果类蔬菜劈接法

1. 接穗苗　2. 接穗苗茎削切　3. 砧木苗茎去顶　4. 砧木苗茎去叶

5. 砧木苗茎劈口、去侧芽　6. 接穗插入、固定接口

　　劈接法主要适用于苗茎实心的蔬菜嫁接,以茄子、番茄等茄科蔬菜应用得较多,在苗茎空心的瓜类蔬菜上应用的相对较少。

　　4. 贴接法。也称为贴芽接法。该嫁接法是把接穗苗切去根部,只保留一小段下胚轴,或是从一段枝蔓上以腋芽为单位切取枝段作为接穗;用刀片把砧木苗从顶端斜削一切面,把接穗或枝段的切面贴接到砧木的切面上,固定后形成嫁接苗,如图 4-12 所示。

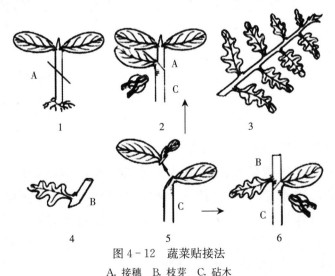

图 4-12 蔬菜贴接法

A. 接穗　B. 枝芽　C. 砧木

1. 苗穗削切　2. 苗穗贴接　3. 枝条　4. 枝芽　5. 砧木苗削切　6. 枝芽贴接

贴接法比较容易进行嫁接操作，嫁接质量也容易掌握；嫁接苗的防病效果比较好；适宜的蔬菜接穗范围广，特别适用于蔬菜成株作接穗进行嫁接，在扩大优良蔬菜繁殖系数方面具有较好的作用。但该嫁接法也存在着嫁接苗的成活率不容易掌握；嫁接苗及嫁接株容易从接口处发生劈裂或折断；对嫁接用苗的大小要求较为严格，要求接穗和砧木的苗茎粗细大体相近等不足。

贴接法比较适用于苗茎较粗或苗穗较大的蔬菜，多应用于从大苗以及植株的枝蔓上切取枝芽作接穗进行的嫁接。

（二）嫁接用具准备

1. 嫁接刀。主要用来削切苗茎接口以及切除砧木苗的心叶和生长点，多使用双面刀片。为方便操作，对刀片应按图 4-13 所示进行处理。

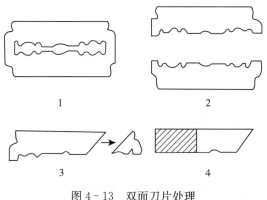

图 4-13　双面刀片处理
1. 完整刀片　2. 刀片两分　3. 去角　4. 包缠

2. 竹签。主要用来挑除砧木苗的心叶、生长点以及砧木苗茎插孔，一般用竹片自行制作。具体做法：先将竹片切成宽 0.5~1 厘米、长 5~10 厘米、厚 0.4 厘米左右的片段，再将一端（插孔端）削成图 4-14 所示的形状，然后用砂纸将竹签打磨光滑，插孔端的粗度应与接穗苗茎的粗度相当或稍大一些，若接穗苗的大小不一致，苗茎粗度差别较大，可多备几根粗细不同的竹签。

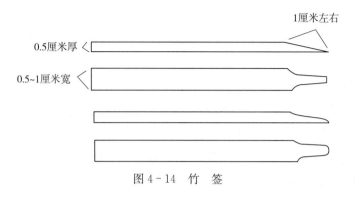

图 4 - 14　竹　签

3. 嫁接夹。主要用来固定嫁接苗的接合部位，多用专用塑料夹，如图 4 - 15 所示。

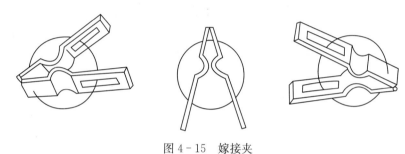

图 4 - 15　嫁接夹

（三）嫁接砧木选择

蔬菜嫁接常用砧木如表 4 - 2 所示。

表 4 - 2　主要蔬菜嫁接常用砧木

蔬菜名称	常用砧木	常用嫁接方法	主要嫁接目的
黄瓜、西葫芦、丝瓜、苦瓜等	黑籽南瓜、南砧 1 号	靠接法、插接法	低温期增强耐寒能力
西瓜	葫芦、新土佐南瓜等	插接法、劈接法	防病栽培
甜瓜	圣砧 1 号、大井、绿宝石、新土佐南瓜、翡翠、黑籽南瓜等	插接法、劈接法	防病栽培
番茄	BF、兴津 101、PFN、KVNF、耐病新交 1 号、托巴姆等	插接法、劈接法	防病栽培

（续）

蔬菜名称	常用砧木	常用嫁接方法	主要嫁接目的
茄子	托巴姆、红茄、耐病VF、密特、刺茄等	劈接法、靠接法	防病栽培
辣椒	土佐绿B、PFR－K64、LS279、超抗托巴姆、红茄等	劈接法、靠接法	防病栽培

！温馨提示

蔬菜嫁接栽培注意事项

第一，由于嫁接苗需要7～10天的成活时间，育苗期延长，所以嫁接育苗要适当提早播种时间。

第二，嫁接苗定植要浅，接口距离地面不小于3厘米，并且要用垄畦、覆盖地膜栽培。

第三，灌溉时浇水量要适宜，不要淹没接口。

第四，要适当减少底肥用量，增加钙镁肥的用量。

第五，要进行支架栽培，使接穗远离地面。

第六，栽培过程中，接穗上长出的不定根与砧木上长出的侧枝要及早抹掉。

4 种子播前处理技术

▪ 浸种技术

（一）浸种方法

1. 一般浸种。用温度与种子发芽适温相同的水浸泡种子即为一般浸种。视种子类型不同，浸种水温20～30℃不等。一般浸种法对种子只起供水作用，无灭菌和促进种子吸水作用，适用于种皮薄、吸水快的种子。

2. 温汤浸种。先用温水泡湿种子，再用 55～60℃ 的温汤浸种 10～15分钟，之后加入凉水，降低温度转入一般浸种。由于 55℃ 是大多数病菌的致死温度，10 分钟是在致死温度下的致死时间，因此，温汤浸种对种子具有灭菌作用，但促进吸水效果仍不明显，适用于种皮较薄、吸水快的种子。

3. 热水烫种。将充分干燥的种子投入 75～85℃ 的热水中，快速烫种 3～4 秒，之后加入凉水，降低温度，转入温汤浸种，或直接转入一般浸种。该浸种法通过热水烫种，使干燥的种皮产生裂缝，有利于水分进入种子，因此促进种子吸水效果比较明显，适用于种皮厚、吸水困难的种子，如西瓜、冬瓜、丝瓜、苦瓜等。种皮薄的种子不宜采用此法，避免烫伤种胚。

（二）浸种时间

蔬菜间因种子大小、种皮厚度、种子结构等的不同，浸种需要的时间也不相同。主要蔬菜的适宜浸种水温与时间见表 4-3。

表 4-3　主要蔬菜浸种的适宜温度与时间

蔬菜	温度（℃）	时间（小时）	蔬菜	温度（℃）	时间（小时）
黄瓜	25～30	8～10	甘蓝	20	3～4
西葫芦	25～30	8～10	芹菜	20	24
番茄	25～30	10～12	花椰菜	20	3～4
茄子	30	10+10*	辣椒	25～30	10～12

*　第一次浸种后在纱布上摊晾 10～12 小时后，再浸第二次。

! 温馨提示

蔬菜浸种注意事项

1. 要用洁净的种子浸种。种子上的残留物对种子吸水有妨碍作用，要把种子充分淘洗干净，除去果肉物质后再浸种。

2. 保持水质清洁。浸种一段时间后，水中的有害物质浓度提高，同时含氧量降低，容易引起烂种。所以，浸种过程中要勤换水，保持水质清新，一般每12小时换一次水为宜。

3. 浸种水量要适宜。浸种水量过多，容易引起种子内的营养物质大量外渗，削弱种子的生长势；水量过少，浸种水的浓度容易偏高，特别是有害物质的浓度容易偏高，对种子产生不利影响。适宜的浸种水量为种子量的5～6倍。

4. 浸种时间要适宜。浸种时间过短，种子吸水不足，达不到浸种的目的，浸种时间过长，种胚中的营养物质外渗过多，能够引起种胚生长势下降。对一些需要长时间浸种的蔬菜，应采取间歇浸种法，先浸种一段时间，捞出种子晾一段时间后，再继续浸种。

■ 催芽技术

（一）催芽方法

浸种后的种子，先沥干或晾干种皮上多余的水，使种皮成湿润状，然后用热水烫过的纱布将种子包起（种子量小时），或放入通气性良好的编织袋中（种子量大时）。将种子置于适宜的温度、湿度和弱光条件下进行催芽。对一些催芽时间较长的蔬菜（如香椿），还可以采取拌沙法，将种子与一定比例的细沙拌匀后堆放起来，上盖纱布或遮阳网等进行催芽。

（二）催芽管理

催芽期间，一般每催芽 4～5 小时，上、下翻动种子包一次，使包内种子交换位置。每天用清水淘洗一次种子，除去种皮上的黏液，并对种子补充水分。当大部分种子露白时，停止催芽，准备播种。若遇恶劣天气不能及时播种时，应将种子放在 5～10℃ 低温环境下，保湿待播。

（三）催芽时间

主要蔬菜的催芽适宜温度和时间如表 4-4 所示。

表 4-4　主要蔬菜催芽的适宜温度与时间

蔬菜	温度（℃）	时间（天）	蔬菜	温度（℃）	时间（天）
黄瓜	25～30	1～1.5	冬瓜	28～30	3～4
西葫芦	25～30	2	甘蓝	18～20	1.5
番茄	25～28	2～3	芹菜	20～22	2～3
茄子	28～30	6～7	花椰菜	18～20	1.5
辣椒	25～30	4～5			

变　温　催　芽

催芽过程中，采用变温处理有利于提高幼苗的抗寒性和提高种子的发芽整齐度。具体做法：对将要发芽的种子，每天分别在 28～30℃ 和 16～18℃ 温度条件下，放置 12～18 小时和 6～12 小时，直至出芽。

■ 消毒技术

（一）热水浸种

该法适合表皮比较坚硬、能耐较高温度的种子。具体做法：先将种子浸泡浸湿，使种子膨胀，病菌开始萌动，然后放入50℃左右的热水中，不断搅拌，根据不同种子烫种10～15分钟，捞起晾干后进行正常催芽播种。

（二）药剂浸种

50%多菌灵500倍液浸种1小时，然后用清水洗净晾干播种，可防治蔬菜枯萎病、白粉病等。

1%硫酸铜溶液浸种5分钟，可防治蔬菜细菌性斑点病、炭疽病等。

水浸种结束后，用1 000毫升/升的农用链霉素液浸种30分钟，水洗后催芽，可防治蔬菜疮痂病、青枯病等。

水浸种结束后，用1%的高锰酸钾药液或10%的磷酸三钠药液浸种20～30分钟，用清水把种子上的残留液清洗净后催芽，可防治蔬菜病毒病和苗期立枯病、猝倒病等多种病害。

■ 其他种子处理技术

（一）静电处理技术

种子在静电场中可被极化，电荷水平提高，从而提高种子内部脱氢酶、淀粉酶、酸性磷酸酶、过氧化氢酶等多种酶的活性。目前已研制出静电种子处理机。通常剂量为：场强50～250千伏/米，处理1～5分钟，能显著提高种子发芽率，如陈冬瓜种子发芽率可由8%提高到56%；还可改善蔬菜品质，提高干物质含量，如黄瓜含糖量、维生素C、无机物含量分别提高5%、2%、4%，产量亦有明显提高。

（二）磁化处理技术

磁化处理是将种子倒入种子磁化机内，在一定磁场强度中以自由落体速度通过磁场而被磁化。由于微弱磁场可促进种子酶活化，从而提高发芽势、秧苗吸水吸肥能力与光合能力。蔬菜种子处理的适宜场强为0.1～0.4特斯拉。西瓜、冬瓜大粒种子需连续处理3次，而白菜、茄果类蔬菜种子处理2次即可。磁化后须立即播种，有效时间不超过24小时。种子处理后，苗齐苗壮，茎粗根深，提早成熟，而且增产10％～35％。

5 播种技术

播种量确定

播种前应根据蔬菜的种植密度、单位质量的种子粒数、种子的使用价值以及播种方式、播种季节等来确定用种量。单位面积蔬菜播种量的计算公式如下：

$$单位面积播种量＝\frac{单位面积出苗数}{每克种子粒数×种子纯度×种子净度×种子发芽率}$$

由于人为以及自然等因素的影响，实际种子播后的出苗数往往低于理论值，因此最后确定用种量时，还应增加一个保险系数。视种子的大小、播种季节、土壤耕作质量、栽培方式等不同，保险系数从0.5～4不等。一般，大粒种子的保险系数应较小粒种子的大；干旱季节以及雨季的播种量大，保险系数也要高；土壤耕作质量高的地块用种量可小，系数应低一些；育苗栽培的用种量较直播栽培的小，保险系数不宜过高。

主要设施蔬菜的参考播种量如表4-5所示。

表4-5 主要蔬菜的参考播种量

蔬菜	用种量（克/亩*）	蔬菜	用种量（克/亩）
大白菜	50～60（育苗）	辣椒	100（育苗）
娃娃菜	50～60（育苗）	番茄	40～50（育苗）
结球甘蓝	25～50（育苗）	黄瓜	125～150（育苗）
花椰菜	25～50（育苗）	冬瓜	150（育苗）
芹菜	1 000（直播）	西葫芦	200～250（直播）
菠菜	3 000～5 000（直播）	西瓜	100～150（直播）
茼蒿	22.5～30（直播）	甜瓜	100（直播）
生菜	20～25（育苗）	菜豆（矮）	6 000～8 000（直播）
韭菜	1 800～2 000（直播）	菜豆（蔓）	1 500～2 000（直播）
茄子	50（育苗）	豇豆	1 000～1 500（直播）

■ 播种方式

（一）撒播

撒播是将种子均匀撒播到畦面上。撒播无需播种工具，省工省时，但也有管理不便、用种量大等缺点。适用于生长迅速、植株矮小的绿叶菜类及苗床播种。

根据播种前是否浇底水，撒播又分为干播（播前不浇底水）和湿播（播前浇底水）两种方法。

（二）条播

条播是将种子均匀撒在规定的播种沟内。条播地块行间较宽，便于机械播种及中耕等管理，同时用种量也减少。多用于单株占地面积较小而生长期较长的蔬菜，如菠菜、芹菜等。

（三）点播

点播是将种子播在规定的穴内。适用于营养面积大、生长期较长

---

* 亩为非法定计量单位，15亩＝1公顷。

的蔬菜，如豆类、茄果类、瓜类等蔬菜。点播用种最省，也便于机械化耕作管理，但也存在着穴间的播种深度不均、出苗不整齐、播种用工多、费工费事等缺点。

■ 播种深度

蔬菜种子的播种深度，有以下 3 种方法确定：

第一，根据种子的大小确定播种深度。小粒种子一般播种 1～1.5 厘米深，中粒种子播种 1.5～2.5 厘米深，大粒种子播种 3 厘米左右深。

第二，根据土壤质地确定播种深度。沙质土壤土质疏松，对种子的脱壳能力弱，并且保湿能力也弱，应适当深播。黏质土壤对种子的脱壳能力强，且透气性差，应适当浅播。

第三，根据种子的需光特性确定播种深度。种子发芽要求光照的蔬菜，如芹菜等宜浅播，反之则应当深播。

6 蔬菜苗期管理技术

■ 温度管理

（一）普通苗床温度管理

播种后出苗前，果菜类应保持温度 28～30℃，叶菜类保持温度 20℃左右。当 70％以上幼苗出土后，撤除薄膜，适当降温，把白天和夜间的温度分别降低 3～5℃，防止幼苗的下胚轴生长过旺，形成高脚苗。第一片真叶展出后，果菜类白天保持温度 25℃左右、夜间温度 15℃左右，叶菜类白天保持温度 20～25℃、夜温 10～12℃，使昼夜温差达到 10℃以上，促幼苗健壮，并提高果菜类的花芽分化质量。分苗前一周适当降低温度 3～5℃，对幼苗进行短时间的耐寒性锻炼。分苗后缓苗期白天温度 25～30℃，夜间 20℃左右。缓苗后，果菜类白天温度 25～28℃，夜间 15～18℃；叶菜类白天温度 20～

22℃，夜间 12～15℃。定植前 7～10 天，逐渐降低温度，进行炼苗。

（二）嫁接苗床温度管理

嫁接后的 8～10 天为嫁接苗的成活期，对温度要求比较严格，此期的适宜温度是白天 25～30℃，夜间 20℃左右。嫁接苗成活后，对温度的要求不甚严格，按一般育苗法进行温度管理即可。

■ 覆土与浇水管理

（一）普通苗床管理

播种前浇足底水后，到分苗前一般不再浇水。当大部分幼苗出土时，将苗床均匀撒盖一层育苗土，保湿并防止子叶夹带种壳出土。齐苗时，再撒盖一次育苗土，填塞地面缝隙，固定幼苗，防止倒伏，促进幼苗的下胚轴生根等。此阶段如果苗床缺水，可在晴天中午前后小量喷水，并在叶面无水珠时适量覆土，压湿保墒，防止地面板结。

所用覆土的干湿程度要求，因覆土时的畦面湿度不同而异。通常浇水后以及畦面湿度偏大时应覆干土吸湿，降低湿度；畦面偏干时，应覆盖湿土，增加地面湿度。

覆土应在幼苗叶面上无水珠时进行，有水珠时覆土，容易污染叶片。覆土后如果叶面上留土较多，要用短棍轻拨叶片，使土落下。每次的覆土厚度以 0.5 厘米左右为宜。

分苗前一天适量浇水，以利起苗。栽苗时要浇足稳苗水，缓苗后再浇一透水，促进新根生长。对于秧苗生长迅速、根系比较发达、吸水能力强的蔬菜，如番茄、西瓜等，为防其徒长，应严格控制浇水。对秧苗生长比较缓慢、育苗期间需要保持较高温度和湿度的蔬菜，如茄子、辣椒等，水分控制不宜过严。

（二）嫁接苗床管理

嫁接结束后，要随即把嫁接苗放入苗床内，并用小拱棚覆盖保湿，使苗床内的空气湿度保持在 90% 以上，不足时要向地面洒水，但不要向嫁接苗上洒水或喷水，避免污水流入接口内，引起接口染病腐烂。第三天适量放风，降低空气湿度，并逐渐延长苗床的通风时间，加大通风量。嫁接苗成活后，按一般育苗法进行湿度管理即可。

◼ 光照管理

蔬菜苗期对光照要求比较严格，光照不足不利于培育壮苗，容易形成下胚轴细长的"高脚苗"以及叶色偏黄的"黄化苗"等。低温期设施育苗，由于受保温覆盖的影响，光照大多不足，需要采取措施增加光照，常用措施有及时间苗或分苗、延长光照时间、增加光照度、连阴天里进行人工补光等。

◼ 间苗

间苗的基本要求：早间苗、晚定苗，多次间苗。

一般从齐苗时开始间苗，删除过于密集处的部分苗，打开单株，避免拥挤。一般间苗2～3次，使幼苗间的间距达到要求距离（撒播或条播的苗床），或每穴留下一株苗（点播苗床）。

间苗应在晴暖天的午后进行。此期苗床内的温度高，幼苗含水量低，一些根系发育不良或受害的幼苗，容易出现缺水症状，与正常苗的区别比较明显，易于鉴别。

间苗后应将苗床均匀喷洒一遍水，沉落间苗时带起的浮土。此期如果苗床内湿度偏高，也可以用覆土代替喷水。

◼ 分苗

蔬菜分苗的次数不宜过多，一般分苗一次，最多两次。果菜类要求在花芽开始分化前进行分苗（如茄果类一般要求在2～3叶期分苗），茎、叶菜类由于苗期大多不进行花芽分化，适宜的分苗时期相对宽一些。

◼ 施肥

育苗土育苗一般不会发生缺肥现象，不需追肥。但对于一些育苗期比较长的蔬菜，或育苗期间连阴天比较多，幼苗叶黄偏弱时，应适当追肥。追肥以叶面肥为主，可用1％复合肥浸取液或0.1％尿素、0.1％磷酸二氢钾等进行叶面施肥，对一些生长偏弱的幼苗，叶面喷洒100倍的葡萄糖、红糖等效果比较好。

穴盘无土育苗结合喷水，定期将营养液喷到育苗床内，一般夏季每两天喷一次，冬季每2～3天喷一次。通常用氮磷钾复合肥（N－P－K含量为15－15－15）为原料，子叶期用0.1％浓度的溶液浇灌，真叶期用0.2％～0.3％浓度的溶液浇灌。也可以用专用营养液进行施肥，参考配方如表4-6所示。

表4-6 无土育苗营养液简单配方

营养元素	用量（毫克/升）	营养元素	用量（毫克/升）
四水硝酸钙	472.5	磷酸二铵	76.5
硝酸钾	404.5	螯合铁	10
七水硫酸镁	241.5	七水硫酸锌	0.11
硼酸	1.43	五水硫酸铜	0.04
四水硫酸锰	1.07	四水钼酸铵	0.01

囤苗

囤苗，即于定植前一周左右，将蔬菜苗从苗床中切块带土起出，并放在原苗床内假植，使土块变硬并产生新根，利于定植搬运和缓苗。一般囤苗前一天将苗床灌透水，第二天切方。切方后，将苗起出放入原苗床内，以湿润细土弥缝保墒进行囤苗。囤苗期间要防苗土干旱，也要防雨淋。

倒苗

育苗钵育苗后期当育苗钵间发生拥挤时，需要对育苗钵进行倒苗，也即将苗床内不同部位的苗位置倒换。倒苗的主要作用：一是将大小苗的位置互换，以利于保持整个苗床内的苗子大小整齐。二是结合倒苗调整苗子的间距，使幼苗均匀分布，不发生拥挤、遮阴等。

▪ 嫁接苗抹杈、断根

砧木苗在去掉心叶后，其苗茎的腋芽能够萌发长出侧枝，应随长出随抹掉。另外，接穗苗茎上产生的不定根也要随发生随抹掉。

靠接法嫁接苗在嫁接后的第九、第十天，当嫁接苗完全恢复正常生长后，用刀片从嫁接部位下，把接穗苗茎紧靠嫁接部位切断，使接穗与砧木相互依赖进行共生。断根后的 3～4 天，接穗容易发生萎蔫，要进行遮阴，同时在断根的前一天或当天上午还要将苗床浇一透水。

参考文献

韩世栋.2012.蔬菜生产技术（北方本）.北京：中国农业出版社.

焦自高，徐坤.2002.蔬菜生产技术.北京：高等教育出版社.

魏继新，周桂荣.2011.最新蔬菜育苗技术.北京：中国农业科学技术出版社.

中央农业广播电视学校.2007.现代蔬菜育苗技术.北京：中国农业科学技术出版社.

单元自测

1. 简述蔬菜的壮苗标准。
2. 简述电热温床结构与施工技术要点。
3. 简述蔬菜靠接、插接和劈接技术要点。
4. 简述种子浸种、催芽和消毒技术要点。
5. 简述蔬菜苗期管理技术要点。

技能训练指导

一、电热温床施工训练

（一）训练目的

通过训练，使学员掌握电热温床施工技术要领。

（二）训练场所

温室或大棚内。

（三）训练材料

电热线、控温仪、锹、皮尺等。

（四）训练内容

在教师的指导下，完成以下训练：
（1）床坑制作。
（2）布线。包括线的道数确定、线距确定、拉线质量等。
（3）线路连接。包括与控温仪连接、与继电器连接等。

二、蔬菜浸种和催芽训练

（一）训练目的

通过训练，使学员掌握蔬菜浸种和催芽技术要领。

（二）训练场所

室内。

（三）训练材料

蔬菜种子、热水、烧杯、温度计、恒温培养箱等。

（四）训练内容

在教师的指导下，完成以下训练：
（1）选种。
（2）浸种。包括水量和水温控制、搅拌、浸种时间控制等。
（3）催芽。包括种子定期漂洗、沥去多余水分、包裹、催芽时间控制等。

三、蔬菜靠接训练

（一）训练目的

通过训练，使学员掌握蔬菜靠接技术要领。

（二）训练场所

室内。

（三）训练材料

黄瓜苗、南瓜苗、嫁接刀、嫁接夹等。

（四）训练内容

在教师的指导下，完成以下训练：

（1）黄瓜苗茎削切。

（2）南瓜苗去心、苗茎削切。

（3）黄瓜苗、南瓜苗切口嵌合。

（4）嫁接部位固定。

（5）嫁接苗栽植到苗床内。

学习笔记

模块五
整地与施肥

1 整地、做畦技术

■ 整地技术

整地是作物播种或移栽前进行的一系列土壤耕作措施的总称。其目的是创造良好的土壤耕层构造和表面状态，协调水分、养分、空气、热量等因素，提高土壤肥力，为播种和作物生长、田间管理提供良好条件。蔬菜生产设施内整地的主要作业包括浅耕灭茬、翻耕、平地等。

（一）浅耕灭茬

浅耕灭茬是通过微耕机旋耕、人工浅翻等措施，破碎根茬、疏松表土、清除杂草的作业。一般在前茬蔬菜收获后、翻耕前进行。

（二）翻耕

翻耕一般结合施基肥进行。过去翻耕主要由人工完成，现多用微耕机（图5-1）耕翻，在疏松土壤的同时，将基肥混翻入深土层内。

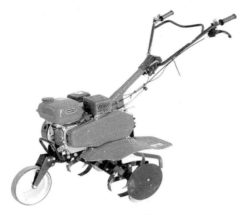

图 5-1 微耕机

（三）平地

平地的主要作用是平整地面，利于播种、做畦和田间管理，对灌溉地区更为重要。平地工作过去主要由人工耙地完成，现多由微耕机完成。

■ 做畦技术

（一）菜畦的类型

菜畦主要有平畦、高畦、低畦和垄几种形式（图 5-2）。

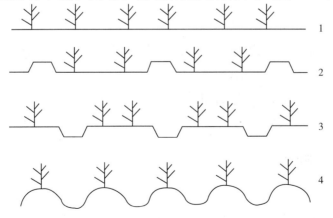

图 5-2 菜畦主要类型
1. 平畦 2. 低畦 3. 高畦 4. 垄

1. 平畦。 畦面与畦间通道相平。地面平整后不需要筑成畦沟和畦埂，适宜于排水良好、雨量均匀，不需经常灌溉的地区。因平畦无法控制浇水量，不适合地膜覆盖生产，加上设施蔬菜要求精耕细作等原因，设施蔬菜生产较少采用平畦。

2. 低畦。 畦面低于畦间通道，有利于蓄水和灌溉。适宜于栽培密度大且需经常灌溉的绿叶蔬菜、小型根菜、蔬菜育苗畦等。低畦的缺点是浇水后地面容易板结，影响土壤透气而阻碍蔬菜生长。

低畦有顶水畦、跑水畦和四平畦 3 种形式。顶水畦的进水口略低于出水口，浇水时水的流速较慢，便于对蔬菜大量浇水。跑水畦的进水口略高于出水口，浇水流速较快，适于要求浇水量不大的蔬菜或栽培季节；四平畦的进水口与出水口相平，浇水流速介于顶水畦与跑水畦之间。

3. 高畦。 畦面高于畦间通道，一般畦面高 10～15 厘米、宽 60～80 厘米。畦面过高过宽，浇水时不易渗到畦中心，容易造成畦内干旱。

高畦的主要优点：一是有利于覆盖地膜，符合保护地生产的要求。二是排水方便，土壤透气性好，有利于根系发育。三是地温高，有利于低温期的蔬菜生产。四是浇水不超过畦面，可减轻通过流水传播的病害蔓延。目前，设施果菜生产采用滴灌方式时，大多选用高畦。

4. 垄。 垄形似变窄的高畦，一般垄底宽 60～70 厘米，顶部稍窄，垄面呈圆弧形，高约 15 厘米，垄间距离根据蔬菜种植的行距而定，生产上多采用大、小垄距进行宽窄行种植。垄畦具有高畦的优点，加上垄畦较窄，适合沟灌、滴灌等多种灌溉方式，更利于控制肥水管理。目前，垄畦是设施果菜、大型根菜和叶菜的主要栽培用畦。

（二）做畦要求

1. 畦向确定。 畦向指畦的延长方向。温室栽培一般选择南北向，以利于田间通风排热，降低地面湿度。塑料大棚等因种植蔬菜类型和栽培方式不同，畦的方向也各不相同。应根据灌溉条件、种植内容、种植方式等进行具体确定。

2. 质量要求。

（1）畦面平坦。平畦、高畦、低畦的畦面要平，否则浇水后湿度不均匀，植株生长不整齐，低洼处还易积水。垄的高度要均匀一致。

（2）土壤细碎。整地作畦时，一定要使土壤细碎，保持畦内无坷垃、石砾、薄膜等影响土壤毛细管形成和根吸收的各种杂物。

（3）土壤松紧适度。整体来说，作畦后应保持土壤疏松透气。但在耕翻和作畦过程中也需适当镇压，避免土壤过松，大孔隙较多，浇水时造成塌陷而使畦面高低不平，影响浇水和蔬菜生长。

2 地膜覆盖技术

地膜是指专门用来覆盖地面的一类薄型农用塑料薄膜的总称。目前所用地膜主要为聚乙烯吹塑膜。国际上的聚乙烯地膜标准厚度通常不小于 0.012 毫米，我国制定的强制性国家标准 GB 13735—1992《聚乙烯吹塑农用地面覆盖薄膜》中规定，地膜的厚度≥0.008 毫米、拉伸负荷≥1.3 牛、直角撕裂负荷≥0.5 牛。

■ 地膜的种类与选择

（一）地膜种类

地膜的种类比较多，常用的主要有以下几种：

1. 广谱地膜。也即普通无色地膜。多采用高压聚乙烯树脂吹制而成。厚度为 0.012～0.016 毫米，透明度好、增温、保墒性能强，适用于各类地区、各种覆盖方式、各种栽培作物、各种茬口。

2. 微薄地膜。厚度 0.008～0.01 毫米，透明或半透明，保温、保墒效果接近广谱地膜，但由于薄，强度较低，透明性不及广谱地膜，只宜作地面覆盖，不宜作近地面覆盖。

3. 黑色地膜。是在基础树脂中加入一定比例的炭黑吹制而成。增温性能不及广谱地膜，保墒性能优于广谱地膜。黑色地膜能阻隔阳光，使膜下杂草难以进行光合作用，无法生长，具有限草功能。宜在草害重、对增温效应要求不高的地区和季节作地面覆盖或软化栽培用。

4. 银黑两面地膜。地膜的正面为银灰色，反面为黑色。使用时银灰色面朝上，黑面朝下。这种地膜不仅可以反射可见光，而且能反射红外线和紫外线，降温、保墒功能强，还有很强的驱避蚜虫、预防病毒、预防杂草等功能，对花青素和维生素 C 的合成也有一定的促进作用。适用于夏秋季节地面覆盖栽培。

5. 微孔地膜。每平方米地膜上有 2 500 个以上微孔。这些微孔，夜间被地膜下表面的凝结水封闭阻止土壤与大气的气、热交换，仍具保温性能；白天吸收太阳辐射而增温，膜表凝结的水蒸发，微孔打开，土壤与大气间的气、热进行交换，避免了由于覆盖地膜而使根际二氧化碳郁积，抑制根呼吸，影响产量。这种地膜增温、保湿性能不及普通地膜，适用于温暖湿润地区。

6. 切口地膜。把地膜按一定规格切成带状切口。这种地膜的优点是，幼苗出土后可从地膜的切口处自然长出膜外，不会发生烤苗现象，也不会造成作物根际二氧化碳淤积。但是增温、保墒性能不及普通地膜。可用于撒播、条播蔬菜的膜覆盖栽培。

7. 银灰色地膜。该膜是在聚乙烯树脂中加入一定量的铝粉或在普通聚乙烯地膜的两面粘接一层薄薄的铝粉后制成，厚度为 0.012～0.02 毫米。该膜反射光能力比较强，透光率仅为 25.5%，故土壤增温不明显，但防草和增加近地面光照的效果却比较好。另外，该膜对紫外光的反射能力极强，能够驱避蚜虫、黄条跳甲、黄守瓜等。

（二）地膜选择

1. 选择保质期内的地膜。农用薄膜的有效保质期为一年，过期的薄膜会老化、缩短使用寿命甚至失去应有的防护作用。因此，购买地膜时，不仅要看产品合格证，而且还要看保质期。

2. 选择质量合格的地膜。质量好的地膜整卷匀实，呈银白色，透明度一致，外观平整、明亮，厚度均匀，横向和纵向的拉力都较好。选购地膜时，应检查其厚薄是否均匀，是否存在起褶破损现象。

3.选宽度适宜的地膜。 不同的作物，不同的覆盖方式需要不同宽度的地膜，过宽会造成浪费，过窄则无法使用。

4.选厚度适宜的地膜。 设施内风害少，适宜选用薄的地膜，减少用量，降低成本。

◾ 地膜覆盖方式

（一）高畦覆盖

畦面整平整细后，将地膜紧贴畦面覆盖，两边压入畦肩下部。为方便灌溉，常规栽培时大多采取窄高畦覆盖栽培，一般畦面宽60～80厘米、高约20厘米；滴灌栽培则主要采取宽高畦覆盖栽培形式。高畦覆盖属于最基本的地膜覆盖方式。

（二）垄畦覆盖

分单垄覆盖和双垄覆盖两种形式，如图5-3所示。单垄覆盖多用于露地和春秋季保护地栽培。双垄覆盖主要用于冬季温室蔬菜栽培，主要作用是减少浇水沟内的水分蒸发，保持温室内干燥。为减少浇水量、提高浇水质量，双垄覆盖的膜下垄沟要浅，通常以深15厘米左右为宜。

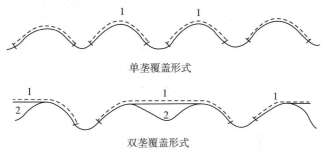

图5-3　地膜垄畦覆盖形式
1.地膜　2.支竿

（三）支拱覆盖

即先在畦面上播种或定植蔬菜，然后在蔬菜播种或定植处支一高和宽各 30～50 厘米的小拱架，将地膜盖在拱架上，形似一小拱棚。待蔬菜长高顶到膜上后，将地膜开口放苗出膜，同时撤掉支架，将地膜落回地面，重新铺好压紧，如图 5-4 所示。该覆盖方式适用于多种蔬菜，特别适用于茎蔓短缩的叶菜类。

播种　　　　　　　　　　定植　　　　　　　　　　落膜

图 5-4　地膜支拱覆盖
1. 地膜　2. 蔬菜种子　3. 蔬菜苗　4. 拱架

（四）沟畦覆盖

即在栽培畦内按行距先开一窄沟，将蔬菜播种或定植到沟内后再覆盖地膜。当沟内蔬菜长高、顶到地膜时将地膜开口，放苗出膜，如图 5-5 所示。该覆膜法适用于栽培一些茎蔓较高以及需要培土的果菜和茎菜类。

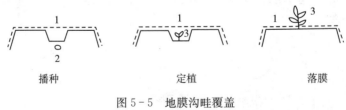

播种　　　　　　　　　　定植　　　　　　　　　　落膜

图 5-5　地膜沟畦覆盖
1. 地膜　2. 蔬菜种子　3. 蔬菜苗

（五）浮膜覆盖

多用于播种畦、育苗畦的短期保温保湿以及越冬蔬菜春季早熟栽培覆盖。覆盖地膜时，将地膜平盖到畦面或蔬菜上，四边用土压住，中央压土或放横竿压住地膜，防止风吹。待蔬菜出苗或气温升高后，揭掉地膜。

地膜覆盖技术要点

（一）覆膜时机

低温期应于种植前 7～10 天将地膜覆盖好，促地温回升。高温期要在种植后再进行覆膜。

（二）地面处理

地面要整平整细，不留坷垃、杂草以及残枝落蔓等，以利于地膜紧贴地面，并避免刺、挂破地膜。杂草多的地块应在整好地面后，将地面均匀喷洒一遍除草剂再覆盖地膜。

（三）放膜

放膜时，先在畦头挖浅沟，将膜的起端埋住、踩紧，然后展膜。边展膜，边拉紧、拉平、拉正地膜，同时在畦肩（高畦或高垄）的下部挖沟，把地膜的两边压入沟内。地膜放到畦尾后，剪断地膜，并挖浅沟将膜端埋住。

地膜覆盖栽培技术要点

1. 要施足底肥、均衡施肥。地膜覆盖栽培作物的产量高，需肥量大，但由于地面覆盖地膜后，不便于开沟深施肥，因此要在栽培前结合整地多施、深施肥效较长的有机肥。

2. 适时补肥，防止早衰。地膜覆盖栽培后期，容易发生脱肥早衰，生产中应在生产高峰期到来前及时补肥，延长生产期。补肥方法主要有冲施肥法和穴施肥法等。

3. 提高浇水质量。由于地膜的隔水作用，畦沟内的水只能通过由下而上的渗透方式进入畦内部，畦内土壤湿度增加比较缓慢。因此，地膜覆盖区浇水要足，并且尽可能让水在畦沟内停留的时间长一些。有条件的地方，最好采取微灌溉技术，在地膜下进行滴灌或微喷灌浇水等，提高浇水质量。

4. 防止倒伏。地膜覆盖作物的根系入土较浅，但却茎高叶多、结果量大，植株容易发生倒伏，应及时支竿插架，固定植株，并勤整枝抹杈，防止株型过大。

3 平衡施肥技术

平衡施肥技术，也称为测土配方施肥技术，是综合运用现代农业科技成果，依据作物需肥规律、土壤供肥特性与肥料效应，在施用有机肥的基础上，合理确定氮、磷、钾和中、微量元素的适宜用量和比例以及相应的科学施肥技术。工作流程包括测土、配方、合理施肥3个技术环节。

■ 测土

（一）采样

一般在蔬菜收获后晾棚期采集土样。温室、大棚每30～40个棚室或20～40亩采一个样，采样深度为0～20厘米。一般采用S形布点采样。每个样品取15～20个样点混合。

同一采样单元，无机氮及植株氮营养快速诊断每季或每年采集一次；土壤有效磷、速效钾等一般2~3年采集一次；中、微量元素一般3~5年采集一次。

(二) 化验

样品测试参考项目如表5-1所示。

表5-1 样品测试参考项目

编号	测试项目	测土配方施肥	耕地地力评价
1	土壤质地指测法	必测	
2	土壤容重	选测	
3	土壤含水量	选测	
4	土壤田间持水量	选测	
5	土壤pH	必测	必测
6	土壤交换酸	选测	
7	石灰需要量	pH<6的样品必测	
8	土壤阳离子交换量	选测	
9	土壤水溶性盐分	选测	
10	土壤氧化还原电位	选测	
11	土壤有机质	必测	必测
12	土壤全氮	选测	必测
13	土壤水解性氮	至少测试1项	
14	土壤铵态氮	必测	必测
15	土壤硝态氮	必测	必测
16	土壤硝态磷	必测	必测
17	土壤缓效钾	必测	必测
18	土壤速效钾	必测	必测
19	土壤交换性钙镁	pH<6.5的样品必测	
20	土壤有效硫	必测	
21	土壤有效硅	选测	
22	土壤有效铁、锰、铜、锌、硼	必测	
23	土壤有效钼	选测，豆科作物产区必测	

■ 配方

施肥配方确定方法比较多，常用的是目标产量配方法和计算机推荐施肥法。

（一）目标产量配方法

该法是根据作物产量的构成，由土壤和肥料两个方面供给养分的原理来计算肥料的施用量。目标产量确定后，计算作物需要吸收多少养分来施用多少肥料。肥料需要量可按下列公式计算：

$$化肥施用量=\frac{作物单位吸收量\times 目标产量-土壤供肥量}{肥料养分含量\times 肥料当季利用率}$$

式中：作物单位吸收量×目标产量＝作物吸收量；

土壤供肥量＝土壤测试值×0.15×校正系数。

土壤测试值以毫克/千克表示，0.15 为养分换算系数，校正系数是通过田间试验获得。

（二）计算机推荐施肥法

通过系统对土壤养分结果的录入和运算，计算机能很快地提出作物的预测产量（生产能力）和最佳施肥配比和施肥量，指导农民科学施肥。

■ 施肥

（一）常用施肥方法

1. 基肥。有全层施肥法、分层施肥法、撒施法、条施和穴施法等。

2. 追肥。有撒施法、条施法、穴施法、环施法、冲施法、喷施法等。

3. 种肥。有拌种法、浸种法、沾秧根法、盖种肥法等。

应根据作物种类、土壤条件、耕作方式、肥料用量和性质，采用不同的施肥方法。

（二）测土配方施肥主要模式

1. 全程服务型。即由农业部门开展"测土、配方、生产、供肥和施肥指导"全程服务。

2. 联合服务型。即由农业部门土肥技术推广机构进行测土和配方筛选，联合或委托复混肥料生产企业进行定点生产，实行定向供应，并由土肥技术推广机构发放施肥通知单，或对农民的具体施肥环节进行直接培训和指导服务。

3. 单一指导型。即由农业部门进行测土和配方筛选，然后根据辖区内的土壤类型和作物布局等进行施肥分区，在确定目标产量后，制作施肥通知单，或印发明白纸、发放技术挂图，开展多种形式的技术培训，指导农民科学施肥。农户根据需要，自主在市场上购买单质肥料进行配施，或选择基础复混肥进行灵活调节。

参考文献

陈杏禹.2005.蔬菜栽培.北京：高等教育出版社.

韩世栋.2006.蔬菜生产技术（高职高专国家"十一五"规划教材）.北京：中国农业出版社.

焦自高，徐坤.2002.蔬菜生产技术.北京：高等教育出版社.

单元自测

1. 简述蔬菜配方施肥的 3 个主要环节。
2. 简述菜畦的主要类型与特点。
3. 怎样选择地膜？
4. 简述地膜覆盖技术要点。

技能训练指导

一、配方施肥训练

（一）训练目的

通过训练，使学员掌握配方施肥的技术流程与关键技术。

（二）训练场所

室内。

（三）训练材料

测土资料、单位产量对养分需求值、计算器等。

（四）训练内容

在教师的指导下，完成以下训练：
（1）土壤测土结果分析。
（2）目标产量需要营养计算。
（3）需肥总量计算。

二、地膜覆盖训练

（一）训练目的

通过训练，使学员掌握地膜覆盖技术要领。

（二）训练场所

设施内。

（三）训练材料

地膜、垄畦、刀片、铁锨、镢头等。

（四）训练内容

在教师的指导下，完成以下训练：

（1）整平垄面。要求去掉坷垃、根茬、枝干等。

（2）覆膜。要求顺风展膜、拉平拉正地膜等。

（3）固定地膜。包括地膜两端固定、两侧固定等。

学习
笔记

模块六

定　植

1 定植方法与方式

■ 定植方法

（一）明水定植法

整地作畦后，先按行、株距开穴（开沟）栽苗，栽完苗后按畦或地块统一浇定植水的方法，称为明水定植法。该法省工省事，速度快，但定植后，如果灌水较多，土壤水分蒸发量大，会引起地温的明显降低，不利于幼苗的根系生长，缓苗成活差；浇水量小时，水分多滞存于土壤中表层，不利于根系向纵深发展，同时也容易引起土壤板结、裂缝等。

（二）暗水定植法

定植时少量浇水，定植后不浇水，分为水稳苗法和座水法两种。

1. 水稳苗法。栽苗后先少量覆土并适当压紧，并向定植沟或穴内适量浇水，待水全部渗下后，再覆土到要求厚度。该定植法既能保证土壤湿度要求，又能保持较高地温，有利于根系生长，适合于低温期定植，尤其适宜于各种容器苗定植。

2. 座水法。开穴或开沟后先引水灌溉，大部分水渗下后，按预定的距离将幼苗带土坨置于水中，水渗透后覆半沟土稳苗。该法的优点是：用水集中，用水量小，浇水对土壤温度的影响小，同时浅覆土利于提高定植穴内的地温，促进缓苗；土壤表层不易板结、裂缝，保墒好，根系恢复快。但该法工效低，较为费工费时。

■ 定植方式

（一）沟栽

沟栽是指在高畦的畦沟内定植，根据秧苗的定植位置不同，分为沟底栽植和沟侧栽植两种方式。

1. 沟底栽植。就是在畦沟内定植行处，开深 15～20 厘米、宽 15～20 厘米的沟，先浇水后定植，将蔬菜苗定植在沟底。该方式过去主要用于大棚西瓜、大棚南瓜、大棚佛手瓜等大型蔬菜高畦栽培。由于该方式定植的蔬菜根颈部容易遭水淹没，不仅土壤通气性差，不利于根系生长，而且也容易引发土壤传播病害，特别是近年来，随着嫁接蔬菜的生产规模不断扩大，该方式应用范围越来越小。

2. 沟侧栽植。该方式是在畦沟的 1/2～1/3 处挖穴定植。由于蔬菜的定植位置升高，能够避免浇水时水淹根颈，特别有利于嫁接蔬菜的嫁接部位远离地面，保护根颈。同时，蔬菜定植处的土壤容易保持疏松通气，也利于保持较高的地温，有利于蔬菜的根系发育，植株长势强，容易获得高产，是目前的主要定植方式。

（二）畦栽

1. 低畦栽植。除了部分叶菜外，一些大型果菜在夏秋高温季节定植时，也多采用畦栽，因为此时气温和地温高，畦栽可避免地温过高或根系吸水不足的问题。但每次浇水后，都必须进行中耕划锄，以防土壤板结。随着植株的生长，通常在蔬菜坐果前扶土成垄，转入垄作。

2. 高畦栽植。采用滴灌方式灌溉地块，对蔬菜的定植位置要求不严格，可根据种植密度和管理的要求，确定合理的定植位置。采用沟灌方式的地块，应将蔬菜靠近畦沟定植。

（三）垄栽

1. 小垄定植。 按垄高 10～15 厘米、底宽 15～20 厘米起垄，将蔬菜苗定植在垄顶部。

2. 大垄定植。 按垄高 15～20 厘米、底部宽 25～30 厘米、顶部宽 10～15 厘米起垄，在垄顶进行单行定植，或将蔬菜苗定植在垄高的 2/3 处或 1/3 处。低温期定植番茄时，因为番茄的侧根萌发能力很强，一般定植在垄高的 1/3 处；辣椒、茄子及瓜类、豆类等侧根不发达的蔬菜，适合定植在垄高的 2/3 处。

2 定植密度和深度

■ 定植密度

合理密植是蔬菜优质高产的重要条件之一。合理的定植密度因蔬菜的株型、开展度以及栽培管理水平和气候条件等不同而异。

（一）根据蔬菜种类确定

爬地生长的蔓生蔬菜定植密度应小，直立生长或支架栽培蔬菜的密度应大。如爬地生长的蔓性蔬菜（如大棚甜瓜、西瓜）定植密度宜小，吊蔓或支架栽培的蔬菜（如大棚黄瓜、番茄等）定植密度可适当增大。

一次性采收的肉质根或叶球类蔬菜（如胡萝卜、大白菜、甘蓝等），为提高个体产量和品质，定植密度宜小；多次采收的茄果类及瓜类蔬菜的定植密度也宜小。

以幼小植株为产品的绿叶菜类（如菠菜、茼蒿等）为提高群体产量，定植密度宜大；而以体型较大的植株或产品为采收对象时，种植密度宜小，如大白菜、结球甘蓝、大型冬瓜、巨型南瓜、大果型西瓜等。

早熟品种的定植密度宜大，晚熟品种的定植密度宜小。

嫁接蔬菜生长势强，结果期也长，种植密度应较未嫁接蔬菜的小一些。

（二）根据种植方式确定

单行栽植蔬菜的定植密度宜小，大小行种植蔬菜的密度可适当加大。

整枝栽培的蔬菜可适当加大定植密度，不整枝或留枝较多时，定植密度应小。

（三）根据土壤地力确定

地力较高，肥水充足时，定植密度宜小；地力偏低，肥水供应不足时，定植密度应适当加大。

■ 定植深度

（一）根据蔬菜类型确定

果菜类、茎菜类等茎蔓伸长蔬菜，定植宜深，要求苗坨表面与地面持平；芹菜、菠菜、大白菜、根用芥菜等生长期内茎短缩的蔬菜，定植宜浅，要求心叶露出地面，若定植过深，土壤埋没心叶时，心叶容易染病腐烂。

嫁接蔬菜定植宜浅，使嫁接部位远离地面，与地面保持一定的距离。定植过深时，蔬菜茎基部容易产生不定根，不定根扎入地里后，导致嫁接失去作用。

（二）根据气候条件确定

低温期蔬菜苗定植宜浅，以利于秧苗发根和根系生长。对于需要深栽苗的蔬菜，生产上一般采取深栽苗，浅覆土，缓苗后随着秧苗的不断生长，逐次加厚覆土方式解决深栽与提高地温的矛盾；高温期为防止缓苗期土壤落干以及减少地表高温对根系的不良影响，通常进行深栽苗。

地下水位高，土壤湿度大时，定植宜浅，反之应适当深一些。

（三）根据秧苗质量确定

健壮苗应适当浅栽，徒长苗应适当深栽，以促使下部苗茎产生不定根，生产上对徒长苗多采取苗茎卧栽法，把下部一段苗茎埋进土里。

3 提高定植成活率的措施

■ 选用壮苗定植

（一）选用适龄壮苗定植

一般地，在适龄苗范围内，苗龄越小，定植后缓苗越快，因此，应适当早定植，不宜选用大龄苗定植。

（二）选用无病菌秧苗定植

加强苗期的病虫害防治，培育无病虫苗。

定植前几天对秧苗进行喷药保护，防止定植过程中感染病菌。

苗期病害严重的地块，定植前应先用多菌灵、高锰酸钾等浇灌地面，定植时还要用上述农药浇灌定植穴。

（三）定植前进行炼苗

定植前一周开始进行炼苗，增强秧苗的适应能力。

■ 保持苗坨基质完整

用育苗钵、育苗土块等保护根系育苗。

育苗土育苗时，要在定植前一周将育苗土按苗切块，进行囤苗，使土块硬实，方便搬运。

▉ 足墒定植

低温期条件允许时，应在定植前一周左右浇水造墒，定植时，适量浇水即可。高温期定植后要浇大水，使定植穴土湿透，保证缓苗期供水。

▉ 适时定植

低温期应于定植前 10～15 天扣棚升温，待 10 厘米地温升到 12～15℃以上后开始定植。

低温期要选在晴暖天上午定植，严禁在连阴天的头定植，同时也要避免在下午日落前定植。高温期应将定植时间安排在下午，避开中午高温期，以免秧苗发生萎蔫。

▉ 加强定植后的温度和湿度管理

低温期定植后及早覆盖地膜，一则有利于提高土壤温度，二则通过减少地面水分蒸发，保持上层土壤水分，同时维持土壤较高的温度。另外，通过加盖小拱棚、无纺布、草苫、二道幕等保持适温。

高温期定植后，在大棚或温室上方覆盖遮阳网遮阴，避免中午前后温度过高。同时，用黑色地膜、稻草等覆盖地面，控制地面水分蒸发，避免土壤落干。

参考文献

陈杏禹.2005.蔬菜栽培.北京：高等教育出版社.

韩世栋.2006.蔬菜生产技术（高职高专国家"十一五"规划教材）.北京：中国农业出版社.

焦自高，徐坤.2002.蔬菜生产技术.北京：高等教育出版社.

单元自测

1. 比较明水定植法与暗水定植法的差异。
2. 怎样确定蔬菜的定植密度？

3. 怎样确定蔬菜苗的定植深度？

4. 提高蔬菜定植成活率的措施有哪些？

技能训练指导

蔬菜定植训练

（一）训练目的

通过训练，使学员掌握设施蔬菜定植的技术要领。

（二）训练场所

设施内。

（三）训练材料

蔬菜苗、定植铲、水桶、铁锹等。

（四）训练内容

在教师的指导下，完成以下训练：

（1）进行明水定植和暗水定植训练。

（2）进行畦栽、沟栽和垄栽训练。

学习
笔记

模块七

田间管理

1 中耕松土

中耕松土是指利用锄头、二齿钩等工具划动地表、疏松土壤、打破地表板结层的过程。对于不覆盖地膜的棚室蔬菜，一般以定植后一个月内进行三次划锄为宜，以后随着蔬菜根系扩展及茎秆拔高，便不再适宜划锄。

第一遍划锄一般在定植后第三至第四天，待地表不干不湿时进行。需要注意的是，这时因幼苗较小，划锄时不宜使用锄头，可以用条镢或二齿钩浅划一遍，划锄第二天再用锄头将划出的土块砸细。

第二遍是在定植后的第七至第八天，也就是在浇第二水后进行，目的是改善土壤墒情，引根下扎。这次因苗子长大了，可在浇水后进行一次较深的中耕，深度一般5～6厘米，但要注意根际周围适当浅些，避免伤根。

第三遍是在吊蔓前进行。一般蔬菜蹲苗10多天后，发现土壤干旱时就可进行浇水，浇水后2～3天，地面呈半干半湿时，即可进行第三次中耕。这次划锄因植株开始迅速生长，根系长满畦面，划锄不可过深，又因杂草种子大量萌发，兼有锄草作用，所以这次划锄更要细致、严密。

2 温度管理

■ 增温技术

（一）增加透光量

通过覆盖透光率比较高的新薄膜、经常保持覆盖物表面清洁、及时消除薄膜内面上的水珠、保持膜面平滑、延长光照时间等措施增加棚室的透光量。

（二）人工加温

1. **火炉加温。**用炉筒或烟道散热，将烟排出设施外。该法多见于简易温室及小型加温温室。

2. **暖水加温。**用散热片散发热量，加温均匀性好，但费用较高，主要用于玻璃温室、连栋温室和连栋塑料大棚中。

3. **热风炉加温。**用带孔的送风管道将热风送入设施内，对设施内的空气进行加热。该法加温快，也比较均匀，主要用于连栋温室和连栋塑料大棚中。

4. **明火加温。**在设施内直接点燃干木材、树枝等易于燃烧且生烟少的燃料，对设施进行加温。该法加温成本低，升温也比较快，但容易发生烟害，主要作为临时性应急加温措施，用于日光温室以及普通大棚中。

5. **火盆加温。**用火盆盛装烧透了的木炭、煤炭等，将火盆均匀排入设施内或来回移动火盆进行加温。该法技术简单，容易操作，并且生烟少，不易发生烟害，但加温能力有限，主要用于育苗床以及小型温室或大棚的临时性加温。

6. **电加温。**主要使用电炉、电暖器以及电热线等，利用电能对设施进行加温。该法具有加温快、无污染且温度易于控制等优点，但也存在着加温成本高、受电源限制较大以及漏电等一系列问题，主要用于小型设施的临时性加温。

（三）地中热应用

白天，利用风机把设施内升温的热空气，送入地下管道，热空气通过地下管道时，将热量传递给温度较低的地下管道，地下管道受热升温。降温后的冷空气返回设施内，升温后再被送回地下管道，如此不断往复循环，始终保持地下管道较高的温度。夜间，地下管道放热把管道内的空气加热回到设施内，降温后再进入管道被加热，再返回设施内，如此重复循环，直到热量保持动态平衡为止。工作原理见图7-1。该法因受管道储热能力的影响，增温能力有限，适用于一些小型设施。

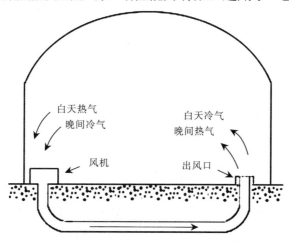

图7-1 地中热交换增温工作原理

■ 保温技术

（一）增强设施自身的保温能力

要求设施的保温结构合理。设施建造场地安排、设施建造方位与布局等也要符合保温的要求。

（二）用保温性能优良的材料覆盖保温

保温性能优良的材料包括：覆盖保温性能好的塑料薄膜；覆盖草

把密实、干燥、疏松，并且厚度适中的草苫等。

（三）减少缝隙散热

主要措施包括：设施密封要严实，薄膜破孔以及墙体的裂缝等要及时粘补和堵塞严实；通风口和门关闭要严，门的内、外两侧应张挂保温帘等。

（四）多层覆盖

多层覆盖材料主要有：塑料薄膜、草苫、无纺布等，多层覆盖的主要形式有：棚膜＋草苫＋浮膜、棚膜＋无纺布＋草苫＋浮膜等。

（五）合理浇水

低温期应于晴天上午浇水，不在阴雪天及下午浇水；低温期当10厘米地温低于10℃时不得浇水，低于15℃要慎重浇水，只有20℃以上时浇水才安全；低温期要尽量浇预热的温水或温度较高的地下水、井水等，不浇冷凉水；低温期要浇小水、暗水，不浇大水和明水。

（六）挖防寒沟、夹设风障

在设施的四周挖深50厘米左右、宽30厘米左右的沟，内填干草或泡沫塑料等，上用塑料薄膜封盖，能减少设施内的土壤热量外散，可使设施内四周5厘米地温提高4℃左右。在设施的北部和西北部夹设风障，能削弱风速，保温效果较为明显。

■ 降温技术

（一）通风散热

通过开启通风口及门等，散放出热空气，同时让外部的冷空气进入设施内，使温度下降。低温期，一般当设施内的温度升到30℃以上后开始放风，高温期在温度升到25℃以上后就要放风。放风初期的通风口应小，不要突然开放太大，导致放风前后设施内的温度变化幅度过大，引起蔬菜萎蔫。适宜的通风口大小是放风前后，设施内温度的下降幅度不超过 5℃。之后，随着温度的不断上升，逐步加大通风口，设施内的最高温度一般要求不超过 32℃。下午当温度下降到 25℃以下时开始关闭通风口，当温度下降到 20℃左右时，将通风口全部关闭严实。

低温期只能开启上部通风口或顶部通风口，严禁开启下部通风口或地窗，以防冷风伤害蔬菜的根颈部。随着温度的升高，当只开上部通风口不能满足降温要求时，再打开中部通风口协助通风。只有当外界温度升到 15℃以上后，方可开启下部通风口放风。

（二）遮阴

遮阴方法主要有覆盖遮阳网、覆盖草苫以及向棚膜表面喷涂泥水、白灰水等，以遮阳网的综合效果为最好（图 7-2）。

图 7-2　温室遮阳网内覆盖

3 吊蔓与搭架

■ 吊蔓技术

吊蔓通常用透明塑料绳或尼龙绳、布绳等，上端吊挂在温室和大棚内的骨架或横拉铁丝上，下端下垂或固定到地面上，蔬菜茎蔓缠绕吊绳向上攀缠生长。由于吊绳所用的材料规格小，有的自身还具有透明，遮光面积小，对田间的光照影响也小。同时吊绳下端一般不需要固定到地里，避免了普通杆架对蔬菜根系的伤害。另外，吊绳也容易固定与撤除，方便管理。吊绳的主要不足是抗风效果差，因此吊绳缠蔓技术比较适合棚室应用，应用较为广泛。

（一）吊绳选择

目前所用的吊绳类型主要有塑料捆扎绳（透明或不透明）、尼龙绳、布绳等。

（二）吊绳方式

1. 一株一绳式。一株蔬菜配备一根吊绳，一般用于单蔓整枝的黄瓜、番茄、西葫芦等。

2. 一株多绳式。一株蔬菜配备多根吊绳，多用于留枝较多的蔬菜，如茄子、辣椒、西瓜等，一般每个结果枝配备一根吊绳，用来固定结果枝。

3. 垂绳式。吊绳的上端固定到行顶的横拉铁丝上，下端自由下垂，将来蔬菜缠绕到绳上向上生长。该式的吊绳不牢固，容易发生摆动，不利于植株茎蔓的均匀分布。

4. 固定式。吊绳的上端固定到行顶的横拉铁丝上，下端或固定到近地面的铁丝上（一般离地面 20 厘米左右），或固定到短枝条上插到地里，或拴在蔬菜的茎蔓基部。该式的吊绳位置较为固定，有利于茎蔓均匀分布，也方便管理，目前生产中应用较多。在上述的三种固定方式中，以下端固定到地面铁丝上效果最好；其次为用短枝条固定；固定到植株茎蔓基部的方式需要定期松绳，以防吊绳"勒"伤茎蔓，较为费工，同时该方式也容易将蔬菜从地里带出，安全性差，现已逐渐被淘汰。

（三）吊绳时期

吊绳要在幼苗茎蔓伸长初期或枝干伸展到一定长度后开始，不要过早，以免影响田间其他管理的正常进行。

（四）吊绳长度

吊绳不宜过长，适宜的绳架高度为 1.5～2 米。绳架过高，一是留蔓过高不方便系绳、缠蔓、喷药等农事操作；二是铁丝过高，留蔓过长，上部茎叶对中下部造成的遮光严重，中下部叶片得到的光照较少，光合作用弱，落花落果严重，果实生长发育不良。

◼ 搭架技术

搭架的主要作用是使植株充分利用空间，改善田间的通风、透光条件。

（一）架材选择

设施内常用架材为细竹竿、窄竹片等。架材不宜过长，以免刺破棚膜。

（二）架形选择

一般分为单柱架、人字架、圆锥架、篱笆架、横篱架、棚架等几种形式，如图 7-3 所示。

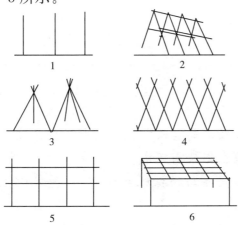

图 7-3　蔬菜架形

1. 单柱架　2. 人字架　3. 圆锥架　4. 篱笆架　5. 横篱架　6. 棚架

1. 单柱架。 在每一植株旁插一架竿，架竿间不连接，架形简单，适用于分枝性弱、植株较小的豆类蔬菜。

2. 人字架。 在相对应的两行植株旁相向各斜插一架竿，上端分组捆紧再横向连贯固定，呈人字形。此架牢固程度高，承受重量大，较抗风吹，适用于菜豆、豇豆、黄瓜、番茄等植株较大的蔬菜。

3. 圆锥架。 用3～4根架竿分别斜插在各植株旁，上端捆紧使架呈三脚或四脚的圆锥形。这种架形虽然牢固可靠，但易使植株拥挤，影响通风透光。常用于单干整枝的早熟番茄以及菜豆、豇豆、黄瓜等。

4. 篱笆架。 按栽培行列相向斜插架竿，编成上下交叉的篱笆。适用于分枝性强的豇豆、黄瓜等，支架牢固，便于操作，但费用较高，搭架也费工。

5. 横篱架。 沿畦长或在畦四周每隔1～2米插一架竿，并在1.3米高处横向连接而成，茎蔓呈直线或圈形引蔓上架，并按同一方向牵引，多用于单干整枝的瓜类蔬菜，光照充足、适于密植，但管理较费工。

6. 棚架。 在植株旁或畦两侧插对称架竿，并在架竿上扎横杆，再用绳、杆编成网格状，有高棚、低棚两种。适用于生长期长、枝叶繁茂、瓜体较长的冬瓜、长丝瓜、长苦瓜等。

> ⚠️ **温馨提示**
>
> ### 搭架注意事项
>
> （1）插架宜在倒蔓前或初花期进行。浇灌定植水、缓苗水及中耕管理等，应在搭架前完成。
>
> （2）插竿位置要与植株根系保持10厘米以上的距离，避免严重伤害根系。
>
> （3）插架要牢固，插竿交叉处要用绳绑紧。

4 绑蔓、缠蔓与落蔓

■ 绑蔓技术

对搭架栽培的蔬菜，需要进行人工引蔓和绑扎，固定在架上。对攀缘性和缠绕性强的豆类蔬菜，通过一次绑蔓或引蔓上架即可，对攀缘性和缠绕性弱的番茄，则需多次绑蔓。瓜类蔬菜长有卷须可攀缘生长，但由于卷须生长消耗养分多，攀缘生长不整齐，一般不予应用，仍以多次绑蔓为好。

绑蔓松紧要适度，不使茎蔓受伤或出现缢痕，又不能使茎蔓在架上随风摇摆磨伤。绑蔓材料要柔软坚韧，常用麻绳、稻草、马蔺草、塑料绳等。绑蔓时要注意调整植株的长势，例如，黄瓜绑蔓时，若使茎蔓直立上架，有助于其顶端优势的发挥，增强植株长势，而若使茎蔓弯曲上升，则可抑制顶端优势，促发侧枝，且有利于叶腋间花的发育。

■ 缠蔓技术

缠蔓是用吊绳缠住茎蔓，使茎蔓向上生长。缠蔓技术要点：

（1）缠蔓要在午后茎蔓含水量减少、质地柔软时进行。清晨以及上午，植株茎蔓中的含水量较高，容易折断或劈裂，不宜进行缠蔓。

（2）缠蔓要及时，要在茎蔓顶端下垂前把茎蔓固定到吊绳上。

（3）缠蔓时要保护花蕾，不要将花蕾缠住。

（4）缠蔓前要先整枝、摘除老叶，提高缠蔓质量。

（5）下部茎蔓缠绕的绳扣，要在勒紧茎蔓前松开，重新缠蔓。

■ 落蔓技术

保护设施栽培的黄瓜、番茄等蔬菜，生育期可长达八九个月，甚至更长，茎蔓长度可达 6～7 米，甚至 10 米以上。为保证茎蔓有充分的生长空间，需于生长期内进行多次落蔓。

当茎蔓生长到架顶时开始落蔓。落蔓前先摘除下部老叶、黄叶、病叶，将茎蔓从架上取下，使基部茎蔓在地上盘绕，或按同一方向顺延，如图7-4所示。将生长点置于架上适当高度后，重新绑蔓固定。

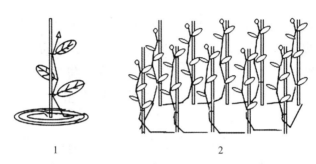

图7-4　植株落蔓形式
1. 茎蔓盘绕式　2. 茎蔓顺延式

5 整枝与摘叶

整枝技术

对分枝性强、放任生长易于枝蔓繁生的蔬菜，为控制其生长、促进果实发育，人为地使每一植株形成最适的果枝数目称为整枝。在整枝中，除去多余的侧枝或腋芽称为"打杈"（或抹芽）；除去顶芽，控制茎蔓生长称为"摘心"（或闷尖、打顶）。

整枝的方式和方法应以蔬菜的生长和结果习性为依据。一般以主蔓结果为主的蔬菜（如早熟黄瓜、西葫芦等），应保护主蔓，去除侧蔓；以侧蔓结果为主的蔬菜（如甜瓜、瓠瓜等）则应及早摘心，促发侧蔓，提早结果；主侧蔓均能正常结果的蔬菜（如冬瓜、西瓜、丝瓜、南瓜等），大果型品种应留主蔓去侧蔓，小果型品种则留主蔓并适当选留强壮侧蔓结果。

整枝方式还与栽培目的有关。如西瓜早熟栽培应进行单蔓或双蔓整枝，增加种植密度，而高产栽培则应进行三蔓或四蔓整枝，增加单株的叶面积。

整枝打杈时间要适宜，打杈过早会降低植株生长势，使植株早衰，打杈过晚，消耗养分过多，并且打杈后枝杈留下的伤口过大，伤流液过多，也能削弱植株的长势，同时也容易感染病菌。以番茄为例，正常植株待杈长到 7 厘米左右时，分期、分次摘除，对于植株生长势弱的，应在杈上保留 1～2 片叶再去打杈。

整枝时要在杈基部留 1～2 厘米高的茬，既有效地阻止病菌从伤口侵入主干，又能减少创伤面，有利伤口愈合。

整枝最好在晴天上午露水干后进行，做到晴天整、阴天不整，上午整、下午不整，以利整枝后伤口及早愈合，防止伤口暴露时间过长染病。整枝时要避免植株过多受伤，遇病株可暂时不整，先整健壮无病的植株，后整感病的植株，防止病害传播。

■■ 摘叶技术

摘叶是摘除失去光合功能的老叶、病叶等，减少营养消耗、病菌传染、增加植株中下部透光量等。摘叶应掌握以下技术要点：

（1）摘叶的适宜时期是在生长的中、后期，果菜类一般在第一次采收后开始，将结果部位下的老叶去掉，以后随着果实的采收，陆续摘除老叶、病叶。

（2）摘叶宜选择晴天上午进行，此时温度较高，健康叶和病叶易于区分。

（3）摘叶时，应先处理健康植株，遇到病株时，摘叶后要对剪刀进行消毒处理。

（4）为防止摘叶后叶柄处染病侵染茎蔓，叶片应留下 1～2 厘米长叶柄剪除。有的蔬菜，如西葫芦在摘叶后，叶柄剪口愈合慢，容易感染病菌，可用瑞毒霉、杀毒矾等可湿性粉剂涂抹剪口。

6 追肥与浇水

▪ 追肥技术

（一）追肥类型

设施蔬菜追肥类型主要有水溶肥、有机肥、普通化肥、叶面肥等。

1. 水溶肥。 是指能够完全溶解于水中的多元素复合型肥料，能被作物的根系和叶面直接吸收利用，有效吸收率高达 80％～90％，配合滴灌系统结合浇水施肥，需水量仅为普通化肥的 30％，节水效果明显。水溶性肥料是目前设施蔬菜的主要追肥种类，主要品种有硝酸钾水溶肥、氮磷钾水溶肥、硝酸镁水溶肥以及包含多种微量元素的水溶肥等。

2. 有机肥。 包括普通有机肥和生物有机肥两种。

普通有机肥主要有腐熟鸡粪、精制干鸡粪、腐熟猪粪等，以前两种应用较多。腐熟鸡粪、猪粪等，多取沤制液结合浇水冲施，精制干鸡粪主要用于有机生态无土栽培施肥。由于施肥成本低，较受菜农喜欢，在一些地区仍是主要的追肥种类之一。

生物有机肥指用特定功能微生物与主要以动植物残体（如畜禽粪便、农作物秸秆等）为来源并经无害化处理、腐熟的有机物料复合而成的一类兼具微生物肥料和有机肥效应的肥料。固体生物有机肥一般用于有机生态无土栽培蔬菜追肥，液态生物有机肥多用作设施蔬菜冲施肥。生物有机肥养地、肥田、防病、环保等效果好，应用前景广阔，但施肥成本偏高，目前多用于高档蔬菜施肥。

3. 普通化肥。 常用的主要有尿素、氮磷钾复合肥等。由于普通化肥要么肥效单一，施肥后对土壤结构和酸碱性的不良影响大，如尿素；要么肥效差、残留多，对土壤污染严重，如普通复合肥。近年来，普通化肥在温室和塑料大棚蔬菜中的应用越来越少。

4. 叶面肥。叶面肥是通过作物叶片为作物提供营养物质一类肥料的统称。按作用功能一般分为营养型和功能型两大类。营养型叶面肥的主要作用是有针对性地提供和补充作物营养，改善作物的生长情况，通常由大量元素（氮、磷、钾）、中量元素（钙、镁、硫）和微量营养元素（铁、锌、锰、硼、铜、钼）中的一种或一种以上配制而成。功能型叶面肥由无机营养元素和植物生长调节剂、氨基酸、腐殖酸、海藻酸、糖醇等生物活性物质或杀菌剂及其他一些有益物质等混配而成，达到一种相互增效和促进的作用。

（二）追肥方法

1. 冲施肥法。该法是将肥料溶于水中随灌溉水一起进入地里。

根据施肥方式不同，冲施肥法分为直接冲施肥和施肥器冲施肥两种方式。直接冲施肥是将肥料溶于水桶中，然后缓慢倒入水中施肥，施肥均匀性较差，为早期的主要冲施肥方式。施肥器冲施肥法是用专用施肥器（文丘里施肥器，见图7-5）或利用虹吸原理用塑料管将肥液溶于灌溉水中。该方式施肥量易于控制，且施肥均匀性好，是目前主要的冲施肥法。

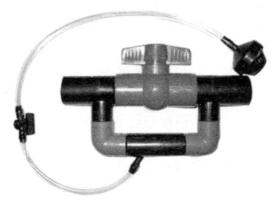

图7-5 文丘里施肥器

冲施肥法的施肥均匀性好，供肥均匀，不易发生肥害，并且省工省力，是目前温室、大棚蔬菜的主要施肥方法。但该施肥法也存在着施肥分散、供肥不集中的问题。冲施肥法适用于水溶性肥，包括复合肥、复混肥、配方肥、微量元素类肥以及氨基酸类、植腐酸类、甲壳素类、工业发酵肥类、菌肥类等。

冲施肥法技术要点：

（1）冲施肥量要适宜，一次用量过大，容易造成肥害，生产中多采取少量多次冲施肥法施肥。

（2）要根据各种作物的需要养分特点选择冲施肥的种类。如叶菜需氮多，要多冲氮肥；豆科、茄果需磷、钾多，要多冲施磷、钾肥。

（3）在冲施肥中添加少量的增效钠、α-萘乙酸钠、增效胺（DA-6）等，均可促进植物的活力，促进根系生长，增加肥料的吸收，使肥效快、肥效高、肥效显著。

（4）不同种类肥料不能混合冲施，以免混合后发生沉淀、降低肥效。如碳铵不能与强酸性肥料混合冲施，氨基酸肥料不能与腐殖酸类肥料混合冲施，磷酸类肥料与锌、锰、铁、铜等肥料混合冲施时要加螯合剂等。

2. 土壤施肥法。该法是在蔬菜附近开沟或挖穴施肥。土壤施肥法施肥范围小，供肥集中，有利于提高肥效，但也存在着施肥作业费工费时、容易发生肥害等不足。设施蔬菜栽培由于覆盖地膜、种植密度大等原因，不适合进行土壤追肥，因此该追肥法大多用于蔬菜生长前期追肥以及有机生态型无土栽培蔬菜追肥。

土壤施肥法技术要点：

（1）施肥位置要与主根保持10厘米以上的距离，以免施肥后伤害主根。

（2）施肥量要适宜。要根据肥料的种类、有效成分含量等确定施肥量，防止施肥量过大发生肥害。

（3）施肥后要保证充足的水分供应，以使肥料能够充分溶解、扩散，及时发挥肥效。

3. 叶面施肥法。叶面施肥又称为根外追肥或叶面喷肥法，是将含有几种或多种植物营养成分的肥液，以喷雾方式喷洒到蔬菜茎叶以及花果等的表面上，营养元素以渗透的方式进入植株体内而被吸收利用。它的突出特点是针对性强，养分吸收运转快，可避免土壤对某些养分的固定作用，提高养分利用率，且施肥量少，适合于微肥的施用，增产效果显著。但由于施肥量有限，叶面追肥无法取代根系施肥，只能作为根系施肥的补充。

叶面追肥法技术要点：

（1）选择适宜的肥料品种。蔬菜生长初期，为促进其生长发育适宜选择功能型叶面肥，若作物营养缺乏或生长后期根系吸收能力衰退，应选用营养型叶面肥。选择叶面肥时，氮一般优先选择硝态氮，其次选择铵态氮和尿素态氮；铁、锌、锰和铜最好使用螯合态的，提高利用率；钙、镁不要和磷一起喷施，以免出现不溶性沉淀。

（2）喷施浓度要适宜。在一定浓度范围内，养分进入叶片的速度和数量，随溶液浓度的升高而增加，但浓度过高容易发生肥害，尤其是微量元素肥料，作物营养从缺乏到过量之间的临界范围很窄，更应严格控制。另外，含有生长调节剂的叶面肥，亦应严格按浓度要求进行喷施，以防调控不当造成危害。

（3）喷施时间要适宜。叶面施肥时叶片吸收养分的数量与溶液湿润叶片的时间长短有关，湿润时间越长，叶片吸收养分越多，效果越好。一般情况下保持叶片湿润时间以 30～60 分钟为宜，因此叶面施肥最好在傍晚无风的天气进行，在有露水的早晨喷肥，会降低溶液的浓度，影响施肥的效果。雨天或雨前也不能进行叶面追肥，因为养分易被淋失，起不到应有的作用，若喷后 3 小时遇雨，待晴天时需要补喷一次，但浓度要适当降低。为增加营养液与叶片的接触面积，提高叶面追肥的效果，可在溶液中加入适量的湿润剂，如中性肥皂、品质较好的洗涤剂等。

（4）喷施要均匀、细致、周到。叶面施肥要求雾滴细小，喷施均匀，尤其要注意喷洒生长旺盛的上部叶片和叶的背面，以利于叶片的吸收利用。

（5）喷施次数不应过少，应有间隔。植物叶面肥的浓度一般都较低，每次的吸收量是很少的，与作物的需求量相比要低得多。因此，叶面施肥的次数一般不应少于 2～3 次。对于在作物体内移动性小或不移动的养分（如铁、硼、钙、磷等），更应注意适当增加喷洒次数。在喷施含调节剂的叶面肥时，喷洒要有间隔，间隔期至少应在一周以上，喷洒次数不宜过多，防止调控不当，造成危害。

（6）叶面肥混用要得当。叶面追肥时，将两种或两种以上的叶面肥合理混用，可节省喷洒时间和用工，其增产效果也会更加显著。但肥料混合后不能有不良反应或降低肥效，否则达不到混用目的。另外，肥料混合时要注意溶液的浓度和酸碱度，一般情况下溶液 pH 在 7 左右时，利于叶部吸收。

■ 浇水技术

（一）浇水方法

设施蔬菜的浇水方法多种多样，大致可分以下三种：

1. 明水灌溉法。 包括畦灌、沟灌等，其投资小，易实施，适用于芹菜、菠菜、大白菜等叶菜以及高温期果菜类浇水，但较费工费水，浇水后地面水分蒸发量大，增加空气湿度显著，也容易使土表板结。

2. 暗水灌溉法。 主要形式为膜下灌溉。在地膜下开沟或铺设灌溉水管，在地膜下进行浇水。暗水灌溉能够使土壤蒸发量减至最低程度，节水效果明显，主要适用于温室和大棚果菜类、大型叶菜类等的低温期浇水。

3. 滴灌。 滴灌是通过管道输水系统，由滴头将水定时、定量，均匀而缓慢地滴到蔬菜根际的灌溉方式。滴灌不破坏土壤结构，土壤内部水、肥、气、热能经常性地保持良好的状态。

（1）滴灌系统的组成。典型的滴灌系统由水源、首部枢纽、输水管道系统和滴头（滴管带）4 部分组成（图 7-6）。

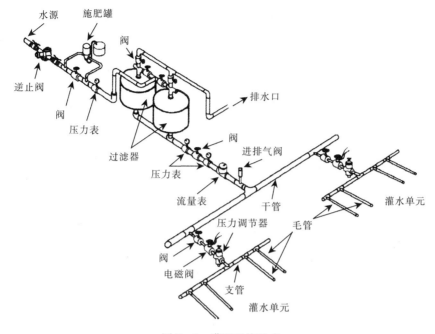

图 7-6　灌溉系统组成

　　水源一般选择水质较好、含沙、含碱量低的井水与渠水作为水源，以减少对管道、过滤系统的堵塞和腐蚀，保护滴灌系统的正常使用，延长滴灌系统的使用年限。

　　首部控制枢纽由水泵、施肥罐、过滤装置及各种控制和测量设备组成，如压力调节阀门、流量控制阀门、水表、压力表、空气阀、逆止阀等。

　　输水管道系统由干管、支管和毛管三级管道组成。干、支管采用直径 20～100 毫米掺炭黑的高压聚乙烯或聚氯乙烯管，毛管多采用直径 10～15 毫米炭黑高压聚乙烯或聚氯乙烯半软管。

　　滴头是安装在灌溉毛管上，以滴状或连续线状的形式出水，且每个出口的流量不大于 15 升/小时的装置。另外，还有一种滴水方式是将滴头与毛管制造成一个整体，兼具配水和滴水功能，称为滴灌带（图 7-7）。

图 7-7　滴管带

简易滴灌系统设备简单，投资少，易建造，目前广泛应用于小型园艺设施中。

（2）滴灌系统应用。①滴头及管道布设。滴头流量一般控制在 2～5升/小时，滴头间距 0.50～1 米。干、支、毛三级管最好相互垂直，毛管应与作物种植方向一致。②系统第一次运行时，需进行调压，使系统各支管进口的压力大致相等。③系统每次工作前先进行冲洗，在运行过程中，要检查系统水质情况，视水质情况对系统进行冲洗。④系统运行时，必须严格控制压力表读数，将系统控制在设计压力下运行，以保证系统能安全有效的运行。⑤定期对管网进行巡视，检查管网运行情况，如有漏水要立即处理。灌溉季节结束后，应对损坏处进行维修，冲净泥沙，排净积水。⑥施肥罐中注入的水肥混合物不得超过施肥罐容积的 2/3。每次施肥完毕后，应对过滤器进行冲洗。

（二）浇水时机

1. 根据蔬菜的种类进行浇水。需水量大的蔬菜应多浇水，耐旱性蔬菜浇水要少。

2. 根据蔬菜的生育阶段进行浇水。定植缓苗后一般控制浇水，防止旺长。结果期应勤浇水，保持地面湿润。一次性收获的蔬菜，在产品收获期，要少浇水或不浇水，提高产品的耐贮运性。

3. 根据蔬菜的长相进行浇水。一般根据叶片的姿态变化、色泽深浅、茎节长短、蜡粉厚薄等来判断蔬菜是否需要浇水。如温室黄瓜龙头簇生、颜色浓绿，说明缺水，应及时灌溉；而早上叶片边缘有水珠，卷须粗大而直立，节间变长，则说明水分过多。

4. 根据气候变化进行浇水。低温期浇水要少，并且应于晴暖天中午前后浇水。高温期浇水要勤，并要于早晨或傍晚浇水。

5. 结合栽培措施进行浇水。如在定植前浇灌苗床，有利于起苗带土；追肥后浇水，有利于肥料的分解和吸收利用；分苗、定植后浇水，有利于缓苗；间苗、定苗后浇水，可弥缝、稳根。

7 气体控制

▪ 有害气体控制技术

（一）主要有害气体危害症状识别

1. 氨气。 氨气主要是施用未经腐熟的人粪尿、畜禽粪、饼粪等有机肥（特别是未经发酵的鸡粪），遇高温时分解而生。追施肥不当也能引起氨气危害，如在设施内施用碳铵、氨水等。当设施内空气中氨气浓度达到 5 毫克/千克时，就会不同程度地危害作物，一般危害发生在施肥几天后。当氨气浓度达到 40 毫克/千克时，经一天一夜，所有蔬菜都会受害，直至枯死。蔬菜受害后，叶片像开水烫过，颜色变淡，叶子镶黄边，接着变黄白色或变褐色，直至全株死亡。

2. 二氧化氮。 二氧化氮是施用过量的铵态氮而引起的。施入土壤中的铵态氮，在土壤酸化条件下，亚硝态氮不能转化为硝态氮，亚硝态酸积累而散发出二氧化氮。施入铵态氮越多，散发二氧化氮越多。当空气中二氧化氮浓度达到 0.2 毫克/千克时，可危害植物。危害发生时，叶面上出现白斑，以后褪绿，浓度高时叶片叶脉也变白枯死。番茄、黄瓜、莴苣等对二氧化氮敏感。

3. 二氧化硫。 二氧化硫又称为亚硫酸气体，是由于燃烧含硫较高煤炭或施用大量的肥料而产生的，如未经腐熟的粪便及饼肥等在分解过程中，也释放出大量的二氧化硫。二氧化硫遇水生成亚硫酸，亚硫酸掉到叶子上，直接破坏叶绿体也会使叶子受害。当棚、室内二氧化硫浓度达到 0.2 毫克/千克时，经过 3～4 天，有些蔬菜就开始出现中毒症状，当浓度达到 1 毫克/千克时，经过 4～5 小时后，敏感的蔬菜就会出现中毒症状。受害时先在叶片气孔多的地方出现斑点，接着褪色。二氧化硫浓度低时，只在叶片背面出现斑点；浓度高时，整个叶片都像开水烫过似的，逐渐褪绿，斑的颜色各种蔬菜有所不同。二氧化硫对生理功能叶首先产生危害，而老叶和新叶受害轻。对二氧化硫敏感，最容易受害的蔬菜有豆角、豌豆、蚕豆、甘蓝、白菜、萝卜、南瓜、西瓜、莴苣、芹菜、菠菜、胡萝卜等。

4. 二异丁酯。以邻苯二甲酸二异丁酯作为增塑剂而生产出来的塑料棚膜或硬塑料管，在使用过程中遇到高温天气，二异丁酯不断放出来，当浓度达到 0.1 毫克/千克时，就会对植物产生危害，叶片边缘及叶脉间的叶肉部分变黄，后漂白枯死。苗期发生危害时，秧苗的心叶及叶尖嫩的地方，颜色变淡，逐渐变黄，变白，两周左右全株叶子变白而枯死。对二异丁酯反应非常敏感的蔬菜有油菜、菜花、白菜、水萝卜、芥蓝菜、西葫芦、茄子、辣椒、番茄、茼蒿、莴苣、黄瓜、甘蓝等蔬菜。

（二）有害气体危害预防措施

1. 合理施肥。有机肥要充分腐熟后施用，并且要深施肥；不用或少用挥发性强的氮素化肥；深施肥，不作地面追肥；施肥后及时浇水等。

2. 覆盖地膜。用地膜覆盖垄沟或施肥沟，阻止土壤中的有害气体挥发。

3. 正确选用与保管塑料薄膜与塑料制品。应选用无毒的蔬菜专用塑料薄膜和塑料制品，不在设施内堆放塑料薄膜或制品。

4. 正确选择燃料、防止烟害。应选用含硫低的燃料加温，并且加温时，炉膛和排烟道要密封严实，严禁漏烟。在有风天加温时，还要预防倒烟。

5. 勤通风。特别是当发觉设施内有特殊气味时，要立即通风换气。

■ 二氧化碳气体施肥技术

（一）施肥方法

1. 钢瓶法。把气态二氧化碳经加压后转变为液态二氧化碳，保存在钢瓶内，施肥时打开阀门，用一条带有出气孔的长塑料软管把气化的二氧化碳均匀释放进温室或大棚内。一般钢瓶的出气孔压力保持在 98～116 千帕，每天放气 6～12 分钟。

该法的二氧化碳浓度易于掌握，施肥均匀，并且所用的二氧化碳气体主要为一些化工厂和酿酒厂的副产品，价格也比较便宜。但该法受气源限制，推广范围有限，同时所用气体中往往混有对蔬菜有害的气体，一般要求纯度不低于 99％。

2. 燃烧法。通过燃烧碳氢燃料（如煤油、石油、天然气等）产生二氧化碳气体，再由鼓风机把二氧化碳气体吹入设施内（图 7 - 8）。

图 7 - 8　二氧化碳发生器

该法在产生二氧化碳的同时，还释放出大量的热量可以给设施加温，一举两得，低温期的应用效果最为理想，高温期容易引起设施内的温度偏高。该法需要专门的二氧化碳气体发生器和专用燃料，费用较高，燃料纯度不够时，也还容易产生一些对蔬菜有害的气体。

3. 化学反应法。 主要用碳酸盐与硫酸、盐酸、硝酸等进行反应，产生二氧化碳气体，其中应用比较普遍的是硫酸与碳酸氢铵反应组合。该法是通过控制碳酸氢铵的用量来控制二氧化碳的释放量。碳酸氢铵的参考用量为：栽培面积一亩的塑料大棚或温室，冬季每次用碳酸氢铵 2 500 克左右，春季 3 500 克左右。碳酸氢铵与浓硫酸的用量比例为 1：0.62。

硫酸法分为简易施肥法和成套装置法两种。

简易施肥法是用小塑料桶盛装稀硫酸（稀释 3 倍），每 40～50 米^2 地面一个桶，均匀吊挂到离地面 1 米以上高处。按桶数将碳酸氢铵分包，装入塑料袋内，在袋上扎几个孔后投入桶内，与硫酸进行反应。

图 7-9　成套施肥装置

成套装置法是硫酸和碳酸氢铵在一个大塑料桶内集中进行反应，产生的气体经过滤后释放进设施内（图 7-9、图 7-10）。

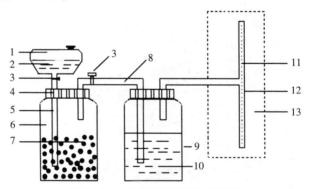

图 7-10　成套施肥装置工作原理

1. 盛酸桶　2. 硫酸　3. 开关　4. 密封盖　5. 输酸管　6. 反应桶　7. 碳酸氢铵　8. 输气管
9. 过滤桶　10. 水　11. 散气孔　12. 散气管　13. 温室（大棚）

（二）施肥时期和时间

1. 施肥时期。 苗期和产品器官形成期是二氧化碳施肥的关键时期。

苗期施肥能明显地促进幼苗的发育，果菜苗的花芽分化时间提前，花芽分化的质量也提高，结果期提早，增产效果明显。据试验，黄瓜苗定植前施用二氧化碳，能增产 10%～30%；番茄苗期施用二氧化碳，能增加结果数 20% 以上。苗期施用二氧化碳应从真叶展开后开始，以花芽分化前开始施肥的效果为最好。

蔬菜定植后到坐果前的一段时间里，蔬菜生长比较快，此期施肥容易引起徒长。产品器官形成期为蔬菜对碳水化合物需求量最大的时期，也是二氧化碳气体施肥的关键期，此期即使外界的温度已高，通风量加大了，也要进行二氧化碳气体施肥，把上午 8～10 时蔬菜光合效率最高时间内的二氧化碳浓度，提高到适宜的浓度范围内。蔬菜生长后期，一般不再进行施肥，以降低生产成本。

2. 施肥时间。晴天，塑料大棚在日出 0.5 小时后或温室卷起草苫 0.5 小时左右后开始施肥为宜，阴天以及温度偏低时，以 1 小时后施肥为宜。下午施肥容易引起蔬菜徒长，除了蔬菜生长过弱、需要促进的情况外，一般不在下午施肥。

每天的二氧化碳施肥时间应尽量地长一些，一般每次的施肥时间应不少于 2 小时。

施肥的间隔时间也应短一些，一般不要超过一周，最长不要超过 10 天。

▣ 温室大棚"四位一体"环境调控技术

该技术以沼气为纽带，种、养业结合，通过生物转换技术，将沼气池、猪（禽）舍、厕所、日光温室联结在一起，组成生态调控体系。大棚为菜园、猪舍、沼气池创建良好的环境条件；粪便入池发酵产生沼气，净化猪舍环境；沼渣为菜园提供有机肥料。

（一）"四位一体"生态调控体系组成

"四位一体"生态调控体系主要由沼气池、进料口、出料口、猪圈、厕所、沼气灯、蔬菜田、隔离墙、输气管道、开关阀门等部分组成（图 7-11）。

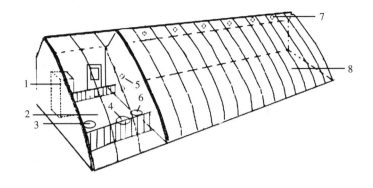

图 7-11 "四位一体"生态调控体系组成

1. 厕所　2. 猪圈　3. 进料口　4. 沼气池　5. 通气口　6. 出料口　7. 沼气灯　8. 生产田

⚠ 温馨提示

二氧化碳施肥注意事项

（1）二氧化碳施肥后蔬菜生长加快，要保证肥水供应。

（2）施肥后要适当降低夜间温度，防止植株徒长。

（3）要防止设施内二氧化碳浓度长时间偏高，造成蔬菜二氧化碳气体中毒。

（4）要保持二氧化碳施肥的连续性，应坚持每天施肥。不能每天施肥时，前后两次施肥的间隔时间也应短一些，一般不要超过一周，最长不要超过 10 天。

（5）化学反应法施肥时，二氧化碳气体要经清水过滤后，方能送入大棚内，同时碳酸氢铵不要存放在大棚内，防止氨气挥发引起蔬菜氨中毒。

另外，反应液中含有高浓度的硫酸铵，硫酸铵为优质化肥，可用作设施内追肥。在追肥前，要用少量碳酸氢铵做反应检查，不出现气泡时，方可施肥。

（二）"四位一体"生态调控体系的主要功能

1. 提高棚内温度。一个容量 8 米^3 的沼气池一般可年产沼气 400～500 米^3，燃烧后可获得 1 151 万焦的热量。早上在棚内温度最低时点燃沼气灯、沼气炉，可使棚内温度上升 2～3℃，防止冻害。

2. 提供肥料。一个 8 米^3 沼气池一年一般可提供 6 吨沼渣和 4 吨沼液。每吨沼渣的含氮量相当于 80 千克碳酸氢铵，每吨沼液的含氮量相当于 20 千克碳酸氢铵。

3. 提供二氧化碳气体。沼气是混合气体，主要成分是甲烷，占 55%～70%，其次是二氧化碳，占 25%～40%。1 米^3 沼气燃烧后可产生 0.97 米^3 二氧化碳。一般通过点燃沼气灯、沼气炉，可使大棚内的二氧化碳浓度达到 1 000～1 300 毫升/米^3，较好地满足蔬菜生长的需要。

8 辅助授粉

在冬春保护地栽培条件下，由于棚室内通风较差、昆虫数量不足，不仅异花授粉蔬菜由于传粉授粉困难，容易造成蔬菜授粉不良，影响坐果，而且由于温度偏低、棚室内湿度大等原因，自花授粉蔬菜坐果也困难。所以，冬春保护地栽培果菜需要进行辅助授粉，以提高产量和品质。辅助授粉主要方法如下。

■ 人工授粉技术

用人工方法把植物花粉传送到柱头上以提高坐果率的技术措施。根据授粉花粉的处理不同，分为人工采集花粉授粉、人工摘花授粉和人工震荡植株授粉 3 种方式。

（一）人工采集花粉授粉技术

该方式是人工提前采集花粉，授粉时用专用授粉工具进行授粉，较适用于西瓜、西葫芦、甜瓜等异花授粉蔬菜。对于冬春栽培雄花花粉不足的品种，于上年夏秋季收集花粉，于低温下保存，翌年冬春生产时授粉用，可以解决当季花粉不足的问题。

花粉采集和保存：以西瓜为例。一般在上午露水干后，采摘当日盛开、发育正常、花药鲜黄的父本花，取出花药，扔掉其他部分。然后将花药采集晾干，放于 10～25℃、空气湿度 50％～70％的条件下保存，一般有效保存时间为 3～5 天。花粉长期保存需要于－25～－15℃低温下进行真空保存，保存时间可达 6 个月以上，冷冻保存的花粉于授粉前，应先将花粉于室温下放置 30～40 分钟进行活化，然后于天气晴好的上午进行授粉。

授粉方法：多采用人工点授法。即将处理好的花粉用软毛笔或小毛刷蘸取花粉，对准雌花的柱头，轻轻涂抹几下，看到柱头上有明显的黄色花粉即可，蘸一次花粉可授 3～5 朵雌花。

（二）人工摘花授粉技术

通常选择当天开放、颜色鲜艳、花冠直径较大的雄花，连同花柄摘下，将花瓣外翻或摘掉，露出雄蕊，在雌花的柱头上轻轻涂抹，使花粉均匀地散落在柱头上，一般一朵雄花可授 2～4 朵雌花。

（三）人工震荡植株授粉技术

通过人工震荡枝蔓，促使花粉散放，提高坐果率。生产中多用于番茄、辣椒、茄子等高架蔬菜。一般于上午 9～10 时花瓣展开后，手持枝干或花序（番茄）轻轻震荡，使花粉落在柱头上，可明显提高坐果率。

振荡花序进行人工辅助授粉时，要求细心操作，以防植株和花序受伤。

■ 熊蜂授粉技术

熊蜂授粉就是在设施大棚内果菜开花期，将熊蜂放进棚内，利用熊蜂采集花粉过程中振动翅膀促进花粉散发以及熊蜂上花采粉的过程传播花粉，为蔬菜授粉。熊蜂授粉技术可取代人工辅助授粉和激素蘸花授粉，提高果菜产量、改善产品品质，是解决激素残留、生产绿色安全食品、保障果菜产品出口和农民增收的重要手段。

一般一箱蜂能够为 1～2 亩温室或大棚蔬菜进行授粉。最好在傍晚把熊蜂放入温室，蜂放置在离地面 15～30 厘米高的位置上，静置 1～2 小时后打开巢门。这样可避免工蜂撞击棚膜，减少不必要的伤亡。工蜂在进入温室后 1～2 天即可适应周围环境，开始访花。

> ## ⚠ 温馨提示
>
> ### 熊蜂授粉注意事项
>
> （1）熊蜂和蜜蜂一样对农药特别敏感，少量农药就会造成熊蜂死亡，因此在使用熊蜂授粉期间要避免使用农药，特别是避免使用杀虫剂。
>
> （2）蜂巢低温下受潮或经历长时间高温都会对蜂群的发育产生不利影响，因此在温室内夏季要注意通风降温，冬季要防潮、保温。
>
> （3）熊蜂性情温顺，不会主动攻击人，但是要避免强烈振动或敲击蜂箱。

■ 化学防落花技术

化学防落花常用的有防落素、2，4-滴、萘乙酸三种，以前两种应用最为普遍。

（一）防落素防落花技术

防落素对植物茎叶的危害轻，适用于多种蔬菜。为提高效率，一般在花半开时或花穗的半数花开放时进行喷花，适宜浓度为 20～50 毫克/升。

（二）2，4-滴防落花技术

2，4-滴是2，4-二氯苯氧乙酸的简称，对植株茎叶伤害性大，滴落在叶面或幼茎上，常使叶片或茎扭曲畸形生长，适用植物器官范围受限制较大，生产中多用于涂抹花柄、花萼（茄子）或雌花柱头（西葫芦），严禁喷花，适宜浓度为10～30毫克/升。

（三）萘乙酸防落花技术

主要用于菜豆防落花。于开花期喷洒5～25毫克/升萘乙酸，每亩每次喷洒药水30千克左右，能够促进生殖生长，改变落花落荚现状。

> **⚠️ 温馨提示**
>
> ### 化学防落花注意事项
>
> （1）化学防落花中，温度偏低时选用高浓度，温度升高后选用低浓度。
> （2）要严格按照化学品使用浓度和时间使用。
> （3）化学品使用时，可在药液中加入少量的异菌脲或腐霉利可湿性粉剂，可预防花朵和幼果灰霉病。

9 疏花、疏果

■ 疏花技术

（一）选留花原则

1. 留花数量要适宜。要根据留果的数量确定留花的数量。由于留下的花不能确保全部结果，因此，留花的数量要比预留果的数量多一些。如西瓜，如果每株保留一个瓜，则要预留 2～3 朵雌花。再比如番茄，如果每穗保留 3～4 个果，则要预留 5～6 朵花。

2. 留花位置要适当。不同位置上的花，由于得到的营养供应以及所处的发育环境不同，花的质量也不同，疏花时应保留位置好的花朵，疏掉位置差的花。植株上出现的第一朵花（雌花），大多发育不良，结的果实个头小、形状也大多不周正，并且第一果生长期间对后面茎叶及果实的发育抑制作用较大，因此生产上多把第一朵花摘除。位置过高的花（雌花）由于远离根系，营养供应不足，加上受下部果实发育的抑制，果实发育也多不良，为提高商品果率，生产中也大多不选留高位置的花结果。如西瓜通常保留第二、第三朵雌花结瓜；黄瓜选留中部的果实留种。

另外，支架栽培蔬菜，向阳面的花朵质量大多优于背光面的，爬地栽培蔬菜上紧贴地面且受泥水污染严重的花朵质量不及远离地面无污染的好；健壮枝条上的花朵质量优于细弱枝条上的花朵。

3. 要选留质量好的花。疏花时，将畸形、染病、子房偏小或过大、颜色不正等花摘除，选留花形端正、发育正常的花。

4. 疏掉过密处的花和无效的花。有些蔬菜以及在某些季节，会出现密集着花现象，不仅增加营养消耗，也不利于花的正常发育，要及时疏掉一部分花。另外，结果部位与附近着生的花，以及生长后期枝干顶端着生的花，也大多不能正常结果，属于无效花，也应及早疏掉。

（二）疏花时间

疏花应在中午前后进行。此时温度高，正常花与染病花容易区分。同时，此阶段花朵的含水量少，残留花柄的伤口愈合快，有利于防病。另外，此期的植株茎蔓含水量少，进田进行疏花作业时也不容易碰伤茎叶等。

（三）技术要求

疏花最好用专用剪，剪断花柄，不要用手掐花。另外，花要保留一小段花柄剪除，以保护花枝。疏下的花要集中带出温室、大棚，挖坑掩埋。

■ 疏果技术

（一）选留果原则

1. 要选留质量好的果。疏果时，将畸形、染病、颜色不正、果型较小等类果实摘除，选留果型端正、发育正常的果实。

2. 留果数量要适宜。要根据蔬菜种类以及品种类型确定留果的数量。一般大果形蔬菜与品种的留果数量要少，小果形蔬菜及品种的留果数量要多。如番茄每穗留果 3～5 个，西瓜、厚皮甜瓜则一般只保留一个瓜。

3. 要分次疏果。由于留下的果不能确保全部正常结果，因此，不可通过一次疏果就确定留果数，通常要经过 2～3 次疏果，每次疏果的数量要少，通过分次疏果，达到规定的留果数量。生产上一般从坐果后开始疏果，果实定个前后结束。

4. 留果的位置要适当。不同位置上的果实，由于得到的营养供应以及所处的发育环境不同，果实的质量也不同。一般，植株上第一朵花结的果实（也称为根瓜或根果），大多发育不良，果实个头小、形状也大多不周正，同时由于第一果生长期间对后面茎叶及果实的发育抑制作用较大，因此生产上多把下部的第一个果摘除。植株上部高节位的果（包括穗状花上部结的果实）由于远离根系，营养供应不足，加上受下部果实发育的抑制，果实发育也多不良，为提高商品果率，生产中也大多不选留高节位果实。如西瓜通常选留第二或第三个瓜。

支架栽培蔬菜，一般向阳面的果实因光照充足，果实的颜色、风味等均优于背光面的果实，爬地栽培蔬菜上紧贴地面的果实，因为有光的死角，贴地部位果皮颜色黄白，对应的果肉部分也大多口感不好，不符合商品果的要求；健壮枝条上的果实质量优于细弱枝条上的果实。所以，疏果时要根据当时的实际情况进行科学的选择与保留。

5. 疏掉过密处的果和无效的果。茄子、辣椒等一类假二权分枝的蔬菜，随着分枝的增多，每级分枝的结果数量也越来越多，为确保商品果率，需要加大疏果的数量；黄瓜、丝瓜等一些瓜类蔬菜，有时同一节位会着生 2～3 个瓜，瓜之间相互制约，降低商品果率，需要根据品种的特性适当疏去部分果实。

（二）疏果时间

疏果通常结合整枝打杈进行。疏果应在中午前后进行。此时温度高，正常果与发育不良的果实容易区分。同时，此阶段果实的含水量少，残留果柄的伤口愈合快，有利于防病。另外，此期的植株茎蔓含水量少，进田进行疏果作业时也不容易碰伤茎叶等。

（三）技术要求

疏果最好用专用剪，剪断果柄，不要用手扭果。另外，幼果要保留一小段果柄，以保护茎蔓。疏下的幼果要集中带出温室、大棚，挖坑掩埋。

参考文献

陈杏禹 . 2005. 蔬菜栽培 . 北京：高等教育出版社 .

韩世栋 . 2006. 蔬菜生产技术（高职高专国家"十一五"规划教材）. 北京：中国农业出版社 .

焦自高，徐坤 . 2002. 蔬菜生产技术 . 北京：高等教育出版社 .

单元自测

1. 低温期提高设施内温度的措施主要有哪些？
2. 设施蔬菜吊绳的形式有哪些？吊绳时应注意哪些事项？
3. 简述设施蔬菜缠蔓和落蔓的技术要点。
4. 简述设施蔬菜整枝的作用及技术要领。
5. 简述设施蔬菜冲施肥的技术要领。
6. 设施内二氧化碳气体施肥常用的方法有哪些？各有哪些优点

和不足？

7. 设施蔬菜怎样进行人工授粉？

8. 设施蔬菜疏花疏果应掌握哪些原则？

┌**技**能训练指导┐

一、蔬菜缠蔓和落蔓训练

（一）训练目的

通过训练，使学员掌握设施蔬菜缠蔓与落蔓的技术要领。

（二）训练场所

设施内。

（三）训练材料

黄瓜或番茄结果期生产田、剪刀等。

（四）训练内容

在教师的指导下，完成以下训练：

（1）缠蔓。包括缠蔓前的植株整理、缠绕位置、缠绕松紧度等的训练。

（2）落蔓。包括落蔓前的植株整理、落蔓高度、落蔓后植株重新缠蔓质量等的训练。

二、蔬菜整枝训练

（一）训练目的

通过训练，使学员掌握主要设施蔬菜的整枝技术要领。

（二）训练场所

设施内。

（三）训练材料

黄瓜或番茄结果期生产田、剪枝剪等。

（四）训练内容

在教师的指导下，完成以下训练：
（1）对番茄进行单干整枝。
（2）对黄瓜进行单蔓整枝。

三、蔬菜人工授粉与疏花、疏果训练

（一）训练目的

通过训练，使学员掌握设施蔬菜人工辅助授粉与疏花、疏果的技术要领。

（二）训练场所

设施内。

（三）训练材料

设施蔬菜生产田、授粉用具、剪枝剪等。

（四）训练内容

在教师的指导下，完成以下训练：
（1）对西葫芦、西瓜等蔬菜进行人工摘花授粉；对番茄进行震荡授粉。与对照比较授粉效果。
（2）对黄瓜、番茄、茄子等植株进行疏花、疏果，并与对照比较疏花、疏果的效果。

学习
笔记

模块八
病虫害识别与防治

1 病虫害识别

主要病害识别

（一）苗期主要病害识别

1. 猝倒病。 幼苗出土前受害，导致种子、胚芽或子叶腐烂。出土后发病，在近地面茎基部呈水渍状黄褐色病斑，绕茎扩展，缢缩成线状，倒伏、枯死。湿度大时，病苗或土壤表面长出白色絮状霉层。

2. 立枯病。 茎基部产生椭圆形暗褐色病斑，初期幼苗白天萎蔫，夜间尚能恢复，严重时病斑扩展围绕整个茎基部致凹陷、干缩，幼苗逐渐枯死。湿度大时，病部长出淡褐色蛛丝状霉。

（二）瓜类蔬菜主要病害识别

1. 霜霉病。 发病初期叶片上出现水浸状黄色小斑点，高温、高湿条件下病斑迅速扩展，受叶脉限制呈多角形，淡褐色至深褐色。潮湿时病斑背面长出灰黑色霉层，病情由植株下部逐渐向上蔓延，茎、卷须、花梗等均能发病。严重时，病斑连成片，全叶黄褐色干枯卷缩，直至死亡。

2. 细菌性角斑病。 发病初为水渍状浅绿色斑点，渐变淡褐色，背面因受叶脉限制呈多角形，后期病斑中部干枯脆裂，形成穿孔。潮湿时病斑上溢出白色或乳白色菌脓，不同于霜霉病。果实和茎上染病，初期也呈水浸状，严重时溃疡或裂口，溢出菌液，病斑干枯后呈乳白色，中部多生裂纹。

3. 枯萎病。植株开花结果后陆续发病，病初被害株仅部分叶片中午萎蔫，但早晚恢复正常，逐渐遍及全株，最后枯死。病株主蔓基部软化缢缩，先呈水浸状，后逐渐干枯，基部常纵裂，纵切病茎，维管束部分变褐。潮湿时，病部表面常有白色或粉红色的霉状物。苗期受害，子叶萎蔫或全株枯萎，茎部常变褐缢缩，且多呈猝倒状。

4. 炭疽病。叶柄或蔓染病，初为水浸状淡黄色圆形斑点，稍凹陷，后变为黑色，病斑环绕茎蔓一周后全株枯死。叶片染病，初为圆形至纺锤形或不规则形水浸状斑点，有时现出轮纹，干燥时病斑易破碎穿孔，潮湿时叶面长出粉红色黏稠物。果实染病初期呈水浸状凹陷褐色病斑，凹陷处常龟裂，湿度大时病斑中部产生粉红色黏稠物，严重时病斑连片腐烂。

5. 白粉病。发病初期叶面出现圆形白粉斑，后逐渐扩大到叶片正、背面和茎蔓上，病斑连成片，整叶布满白色粉状物，严重时叶片变黄干枯，有时病斑上出现小黑点。

6. 灰霉病。病菌多从开败的花侵入使花腐烂，并长出淡灰褐色的霉层，进而向瓜条侵入。花和幼瓜的蒂部初为水浸状，逐渐软化，表面密生灰绿色霉，致果实萎缩、腐烂，有时长出黑色菌核。叶片被害一般由落在叶面的病花引起，并形成大型的枯斑，近圆形至不整齐形，表面着生少量灰霉。烂瓜和烂花附着在茎上时，能引起茎部腐烂。

7. 病毒病。幼苗和成株均会发病，叶片上初现黄绿色斑点，后整个叶片变成花叶或疱斑，植株矮化，结瓜少或不结瓜，瓜面布满大小瘤或密集隆起皱褶，果实畸形。

（三）茄果类蔬菜主要病害识别

1. 番茄早疫病。叶片发病初呈针尖大的小黑点，后发展为不断扩展的轮纹斑，边缘多具浅绿色或黄色晕环，中部现同心轮纹，且轮纹表面生毛刺状不平坦物。茎部染病，多在分枝处产生褐色不规则圆形或椭圆轮纹斑，深褐色或黑色，一般不将茎包住。青果染病，始于花萼附近，初为椭圆形或不定形褐色或黑色斑，凹陷，直径10～20毫米，后期果实开裂，病部较硬，密生黑色霉层。

2. 番茄晚疫病。 叶片染病，多从植株下部叶尖或叶缘开始发病，初为暗绿色水浸状不规则病斑，扩大后转为褐色，高湿时，叶背病健部交界处长白霉。茎上病斑呈现黑褐色腐败状，引致植株萎蔫。果实染病主要发生在青果上，病斑初呈现油浸状暗绿色，后变成暗褐色至棕褐色，稍凹陷，边缘明显，云纹不规划，果实一般不变软，湿度大时其上长少量白霉，迅速腐烂。

3. 病毒病。 主要有花叶型（叶片上出现黄绿相间或深浅相间斑驳，叶脉透明，叶略有皱缩的不正常现象，病株较健株略矮）、蕨叶型（上部叶片变成线状，中、下部叶片向上微卷）、条斑型（在叶片上为茶褐色的斑点或云纹，在茎蔓上为黑褐色斑块，变色部分仅处在表层组织，不深入茎、果内部）、巨芽型（顶部及叶腋长出的芽大量分枝或叶片呈线状、色淡，致芽变大且畸形）、卷叶型（叶脉间黄化，叶片边缘向上方弯卷，小叶呈球形，扭曲成螺旋状畸形）和黄顶型（病株顶叶叶色褪绿或黄化，叶片变小，叶面皱缩，病株矮化，不定枝丛生）6种症状。

4. 番茄灰霉病。 果实染病青果受害重，残留的柱头或花瓣多先被侵染，后向果面或果柄扩展，致果皮呈灰白色，软腐，病部长出大量灰绿色霉层，果实失水后僵化；叶片染病多始自叶尖，病斑呈V字形向内扩展，初水浸状、浅褐色、边缘不规则、具深浅相间轮纹，后干枯表面生有灰霉致叶片枯死；茎染病，开始亦呈水浸状小点，后扩展为长椭圆形或长条形斑，湿度大时病斑上长出灰褐色霉层。严重时引起病部以上枯死。

5. 番茄青枯病。 株高30厘米左右时病株开始显症，先是顶端叶片萎蔫下垂，后下部叶片凋萎，中部叶片最后凋萎，也有一侧叶片先萎蔫与整株叶片同时萎蔫的。病株白天萎蔫，傍晚复原，病叶变浅绿。病茎表皮粗糙，茎中、下部增生不定根或不定芽，湿度大时，病茎上可见初为水浸状后变褐色的 1～2 厘米斑块，病茎维管束变为褐色，横切病茎，用手挤压或经保湿，切面上维管束溢出的白色菌液，病程进展迅速，严重的经 7～8 天即死亡。

6. 番茄根结线虫病。病部产生肥肿畸形瘤状结。解剖根结有很小的乳白色线虫埋于其内。一般在根结之上可生出细弱新根，再度染病，则形成根结状肿瘤。地上部轻病株症状不明显，重病株矮小，生育不良，结实少，干旱时中午萎蔫或提早枯死。

7. 番茄脐腐病。又称为蒂腐病，属生理病害。初在幼果脐部出现水浸状斑，后逐渐扩大，至果实顶部凹陷，变褐，通常直径 1～2 厘米，严重时扩展到小半个果实；后期遇湿度大腐生霉菌寄生其上现黑色霉状物。病果提早变红且多发生在一、二穗果上，同一花序上果实几乎同时发病。

8. 茄子黄萎病。多在坐果后开始表现症状，一般自下而上或从一边向全株发展。叶片初在叶缘及叶脉间变黄，后发展至半边叶片或整片叶变黄。早期病叶晴天高温时呈现萎蔫状，早晚尚可恢复，后期病叶由黄变褐，终致萎蔫下垂以至脱落，严重时全株叶片变褐萎垂以至脱光仅剩茎秆。

9. 茄子褐纹病。先从下部叶片开始，叶面上出现近圆形或不规则形病斑，初为苍白色水浸状，后边缘深褐色，中央灰白色，上生轮纹状排列的小黑点，病斑容易破裂或脱落成孔洞，后期许多病斑连片成不规则大病斑。茎部发病以基部比较普遍，开始出现水浸状梭形病斑，扩展后边缘暗褐色，中央凹陷成灰白色，形成一个干腐状的溃疡斑，其上长有许多隆起的小黑点，后期病部常发生纵裂，并因皮层脱落而使木质部裸露。当病斑绕茎一周后病株枯死。果实发病，初生黄褐色或浅褐色病斑，病斑圆形或椭圆形，稍凹陷，渐变暗褐色；病斑在扩展过程中留下明显的同心轮纹，后期在轮纹上产生黑色的小点。发病严重时，病斑连片，引起果实腐烂，里边的种子灰白色皱缩，腐烂果实或落地或失水干缩成僵果挂在枝条上。

10. 茄子绵疫病。主要危害果实。发病先从下部果实开始，果面上产生水浸状圆形病斑，病部稍凹陷，黄褐色或暗褐色，条件适宜时，很快蔓及全果，引起果实变黑腐烂，病果上密生白色絮状菌丝。病果易脱落。叶片发病初期出现水浸状病斑，病斑呈不规则形状，后变褐色，上有明显轮纹，潮湿时病斑扩展很快，病缘不清晰，表面生有稀疏的白霉，干燥时病、健部界限明显，并容易干枯破裂。茎部受害产生水浸状暗绿色病斑，病斑环绕茎部一周后发生缢缩，其上部枝叶逐渐萎蔫干枯，湿度大时病部长有稀疏的白毛。

11. 辣椒疫病。主要发生在结果期，危害辣椒的茎基部，引起茎基部枯死，进而引起整株枯死。晴天白天，植株的叶片出现萎蔫，早晚恢复正常，几天后不再恢复而枯死。拔出病株，可见到茎基部变褐色，并缢缩、干枯，湿度大时，病部上长有白色霉层。

12. 辣椒炭疽病。果实发病初期，果面上出现水浸状黄褐色小斑点，进而扩展成近圆形或不规则形病斑，病斑中心部灰褐色，边缘黑褐色，整个病斑凹陷，表皮不破裂，上有隆起的轮纹。轮纹上密生小黑点，潮湿时，病斑表面溢出淡红色的胶状物。空气干燥时，病部干缩成羊皮纸状，易破碎。病果比正常果易红熟，病果内部多组织腐烂，最后干缩于植株上。叶片受害时，初出现褪绿斑点，后发展成中央灰色或白色、边缘深褐色或铁锈色的近圆形或不规则形病斑，病斑上轮生小黑点，病叶容易干缩脱落。

13. 辣椒疮痂病。也称为辣椒细菌性斑点病，主要引起落叶。叶片发病，初出现水浸状黄绿色小斑点，病斑扩大后呈不规则形，边缘暗绿色稍隆起，中部色浅，稍凹陷。病斑表面粗糙，呈疮痂状。后期病斑连片，引起叶片脱落。茎和叶柄发病，一般产生不规则形的褐色条斑，后病斑木栓化，并隆起、纵裂，呈溃疡状。果实发病，初出现暗褐色隆起小点，后扩大为近圆形的黑色疮痂状病斑，潮湿时病斑上有菌脓溢出。

（四）豆类蔬菜主要病害识别

1. 豆类锈病。初期多在叶背产生黄白色微隆起的小斑点，扩大后成红褐色疱斑，即夏孢子堆，破裂后散出大量红褐色粉末状的夏孢子。后期产生黑褐色疱斑，为冬孢子堆，破裂散出黑褐色粉末状冬孢子。发病严重时，叶片上病斑密集，多达上千个。叶柄、茎蔓及豆荚亦受侵染，致使叶片枯黄脱落，提早拔蔓。

2. 豆类炭疽病。 叶片发病，多在叶背沿叶脉发展成三角形或多角形黑褐色小条斑。叶柄和茎蔓上病斑形状与幼茎症状相似。豆荚发病，由褐色小点扩大为圆或椭圆形病斑，直径多在 3.5～4.5 毫米，也有相互合并成大斑的，后期中部凹陷变为黑色，边缘有红褐色隆起。

▌ 主要虫害识别

（一）蚜虫

蚜虫也称蜜虫、腻虫等，体长 1.5～4.9 毫米，多数约 2 毫米。蚜虫分有翅、无翅两种类型，以成蚜或若蚜群集于植物叶背面、嫩茎、生长点和花上，用针状刺吸口器吸食植株的汁液，使细胞受到破坏，生长失去平衡，叶片向背面卷曲皱缩，心叶生长受影响，严重时植株停止生长，甚至全株萎蔫枯死。蚜虫为害时排出大量水分和蜜露，滴落在下部叶片上，引起霉菌病发生，使叶片生理机能受到影响，减少干物质的积累（图 8 - 1）。

图 8 - 1 蚜 虫

（二）温室白粉虱

成虫体长 1～1.5 毫米，淡黄色。翅面覆盖白蜡粉，停息时双翅在体上合成屋脊状如蛾类。成虫和若虫吸食植物汁液，被害叶片褪绿、变黄、萎蔫，甚至全株枯死。此外，由于其繁殖力强，繁殖速度快，种群数量庞大，群聚为害，并分泌大量蜜液，严重污染叶片和果实，往往引起煤污病的大发生，使蔬菜失去商品价值（图 8-2）。

图 8-2　白粉虱

（三）美洲斑潜蝇

雌成虫刺伤叶片进行取食和产卵，幼虫潜入叶片内取食，造成不规则弯曲虫道，受害重的叶片脱落。卵和幼虫可随果、菜及植株的运输远距离传播（图 8-3）。

图 8-3　美洲斑潜蝇

2 病虫害防治

■ 病虫害防治原则

应合理使用农药、除草剂、植物生长调节剂等化学药剂，不得使用蔬菜上严禁使用的药剂。允许使用的化学药剂也要将其使用时期、使用量和使用方法控制在允许的范围内，不得超时、超量和不按规定方法使用。

■ 病虫害防治技术

（一）农药品种选择

在使用化学农药时，要正确选择农药品种，严禁使用剧毒、高毒、高残留农药，必须选择高效、低毒、低残留和对天敌杀伤小的农药或新型生物农药。无公害食品蔬菜生产严禁使用的农药见表8-1。

表8-1 无公害食品蔬菜生产上严禁使用的农药

农药种类	农药名称	禁用范围	禁用原因
无机砷杀虫剂	砷酸钙、砷酸铅	所有蔬菜	高毒
有机砷杀菌剂	甲基胂酸锌（稻脚青）、甲基胂酸铵（田安）、福美甲胂、福美胂	所有蔬菜	高残留
有机锡杀菌剂	薯瘟锡（毒菌锡）、三苯基醋酸锡、三苯基氯化锡、氯化锡	所有蔬菜	高残留、慢性毒性
有机汞杀菌剂	氯化乙基汞（西力生）、醋酸苯汞（赛力散）	所有蔬菜	剧毒、高残留
有机杂环类	敌枯双	所有蔬菜	致畸
氟制剂	氟化钙、氟化钠、氟化酸钠、氟乙酰胺、氟铝酸钠	所有蔬菜	剧毒、高毒、易药害
有机氯杀虫剂	DDT、六六六、林丹、艾氏剂、狄氏剂、五氯酚钠、硫丹	所有蔬菜	高残留

（续）

农药种类	农药名称	禁用范围	禁用原因
有机氯杀螨剂	三氯杀螨醇	所有蔬菜	工业品含有一定数量的 DDT 卤代烷类
熏蒸杀虫剂	二溴乙烷、二溴氯丙烷、溴甲烷	所有蔬菜	致癌、致畸
有机磷杀虫剂	甲拌磷、乙拌磷、久效磷、对硫磷、甲基对硫磷、甲胺磷、氧化乐果、治螟磷、杀扑磷、水胺硫磷、磷胺、内吸磷、甲基异硫磷	所有蔬菜	高毒、高残留
氨基甲酸酯杀虫剂	克百威（呋喃丹）、丁硫克百威、丙硫克百威、涕灭威	所有蔬菜	高毒
二甲基甲脒	类杀虫杀螨剂杀虫脒	所有蔬菜	慢性毒性、致癌
拟除虫菊酯	类杀虫剂所有拟除虫菊酯类杀虫剂	水生蔬菜	对鱼虾等高毒性
取代苯杀虫杀菌剂	五氯硝基苯、五氯苯甲醇（稻瘟醇）、苯菌灵（苯莱特）	所有蔬菜	国外有致癌报导或二次药害
二苯醚类	除草剂除草醚、草枯醚	所有蔬菜	慢性毒性

（二）正确掌握农药剂量

使用农药的剂量包括每次施用农药的浓度和施用的次数。施用浓度过高易造成药害，浓度过低或用药不足，防治效果不明显。超过规定的次数和浓度就不能保证生产出无公害蔬菜。

（三）适时使用农药

根据蔬菜病虫害的发病规律，在关键时期（发病初期）、关键部位喷药（叶片正面或背面），减少用药量。

（四）掌握使用农药的安全间隔期

农药使用的安全间隔期就是最后一次施用农药到采收的天数。安全间隔期的长短因农药种类、蔬菜品种、季节不同而不同。因此要严格掌握安全间隔期，如表 8-2 所示。

表 8-2　无公害食品蔬菜生产的农药安全使用标准

蔬菜	农药	剂型	每亩常用药量或稀释倍数	每亩最高用药量或稀释倍数	施药方法	最多使用次数	安全间隔期（天）	实施说明
青菜	乐果	40%乳油	50毫升，2 000倍	100毫升，800倍	喷雾	6	≥7	秋冬季间隔期8天
	敌百虫	90%固体	50克，2 000倍	100克，800倍	喷雾	5	≥7	秋冬季间隔期8天
	敌敌畏	80%乳油	100毫升，1 000～2 000倍	200毫升，500倍	喷雾	5	≥5	冬季间隔期7天
	乙酰甲胺磷	40%乳油	125毫升，1 000倍	250毫升，500倍	喷雾	2	≥7	秋冬季间隔期9天
	二氯苯醚菊酯	10%乳油	6毫升，10 000倍	24毫升，2 500倍	喷雾	3	≥2	
	辛硫磷	50%乳油	50毫升，2 000倍	100毫升，1 000倍	喷雾	2	≥6	每隔7天喷一次
	氰戊菊酯	20%乳油	10毫升，2 000倍	20毫升，1 000倍	喷雾	3	≥5	每隔7～10天喷一次
白菜	乐果	40%乳油	50毫升，2 000倍	100毫升，800倍	喷雾	4	≥10	
	敌百虫	90%固体	100克，1 000倍	100克，500倍	喷雾	5	≥7	秋冬季间隔期8天
	敌敌畏	80%乳油	100毫升，1 000～2 000倍	200毫升，500倍	喷雾	2	≥5	冬季间隔期7天
	乙酰甲胺磷	40%乳油	125毫升，1 000倍	250毫升，500倍	喷雾	2	≥7	秋冬季间隔期9天
	二氯苯醚菊酯	10%乳油	6毫升，10 000倍	24毫升，2 500倍	喷雾	3	≥2	
大白菜	辛硫磷	50%乳油	50毫升，1 000倍	100毫升，500倍	喷雾	3	≥6	
甘蓝	氰戊菊酯	20%乳油	20毫升，4 000倍	40毫升，2 000倍	喷雾	3	≥5	每隔8天喷一次
	辛硫磷	50%乳油	50毫升，1 500倍	75毫升，1 000倍	喷雾	4	≥5	每隔7天喷一次
	氯氰菊酯	10%乳油	80毫升，4 000倍	160毫升，2 000倍	喷雾	4	≥7	每隔8天喷一次
菜豆	乐果	40%乳油	50毫升，2 000倍	100毫升，800倍	喷雾	5	≥5	夏季豇豆、四季豆间隔期3天
	喹硫磷	25%乳油	100毫升，800倍	160毫升，500倍	喷雾	3	≥7	

（续）

蔬菜	农药	剂型	每亩常用药量或稀释倍数	每亩最高用药量或稀释倍数	施药方法	最多使用次数	安全间隔期（天）	实施说明
萝卜	乐果	40%乳油	50毫升，2 000倍	100毫升，800倍	喷雾	6	≥5	叶若供食用，间隔期9天
	溴氰菊酯	2.5%乳油	10毫升，2 500倍	20毫升，1 250倍	喷雾	1	≥10	
	氰戊菊酯	20%乳油	30毫升，2 500倍	50毫升，1 500倍	喷雾	2	≥21	
	二氯苯醚菊酯	10%乳油	25毫升，2 000倍	50毫升，1 000倍	喷雾	3	≥14	
黄瓜	乐果	40%乳油	50毫升，2 000倍	100毫升，800倍	喷雾		≥2	施药次数按防治要求而定
	百菌清	75%可湿性粉剂	100克，600倍	200克，2 000倍	喷雾	3	≥10	结瓜前使用
	三唑酮	15%可湿性粉剂	50克，1 500倍	100克，750倍	喷雾	2	≥3	
	三唑酮	20%可湿性粉剂	30克，3 300倍	60克，1 700倍	喷雾	2	≥3	
	多菌灵	25%可湿性粉剂	50克，1 000倍	100克，500倍	喷雾	2	≥5	
	溴氰菊酯	2.5%乳油	30毫升，3 300倍	60毫升，1 650倍	喷雾	2	≥3	
	辛硫磷	50%乳油	50毫升，2 000倍	50毫升，2 000倍	喷雾	3	≥3	
番茄	氰戊菊酯	20%乳油	30毫升，3 300倍	40毫升，2 500倍	喷雾	3	≥3	
	百菌清	75%可湿性粉剂	100克，600倍	120克，500倍	喷雾	6	≥23	每隔7～10天喷一次
茄子	三氯杀螨醇	20%乳油	30毫升，1 600倍	60毫升，800倍	喷雾	2	≥5	
辣椒	喹硫磷	25%乳油	40毫升，1 500倍	60毫升，1 000倍	喷雾	2	≥5（青椒）	红辣椒安全间隔期≥10天
洋葱	辛硫磷	50%乳油	250毫升，2 000倍	500毫升，1 000倍	垄底浇灌	1	≥17	洋葱结头期使用
	喹硫磷	25%乳油	200毫升，2 500倍	400毫升，1 000倍	垄底浇灌	1	≥17	洋葱结头期使用
大葱	辛硫磷	50%乳油	500毫升，2 000倍	750毫升，1 000倍	行中浇灌	1	≥17	
	喹硫磷	25%乳油	100毫升，2 500倍	400毫升，700倍	垄底浇灌	1	≥17	

（续）

蔬菜	农药	剂型	每亩常用药量或稀释倍数	每亩最高用药量或稀释倍数	施药方法	最多使用次数	安全间隔期（天）	实施说明
韭菜	辛硫磷	50%乳油	500毫升，800倍	750毫升，500倍	浇施灌根	2	≥10	浇于根际土中
甜瓜	三唑酮	20%乳油	25毫升，2 000倍	50毫升，1 000倍	喷雾	2	≥5	
西瓜	百菌清	70%可湿性粉剂	100～120克，600倍	120克，500倍	喷雾	6	≥21	每隔7～15天喷一次

参考文献

董伟，张立平.2012.蔬菜病虫害防治图谱.北京：中国农业科学技术出版社.

王久兴.2003.瓜类蔬菜病虫害诊断与防治原色图谱.北京：金盾出版社.

中央农业广播电视学校.2009.蔬菜病虫害防治技术.北京：中国农业大学出版社.

单元自测

1. 蔬菜苗期主要病害有哪些？怎样识别？
2. 瓜类蔬菜主要病害有哪些？怎样识别？
3. 茄果类蔬菜主要病害有哪些？怎样识别？
4. 蔬菜主要害虫有哪些？怎样识别？

技能训练指导

蔬菜主要病害识别训练

（一）训练目的

通过训练，使学员掌握设施主要蔬菜病害的特征。

（二）训练场所

设施内。

（三）训练材料

发病植株、病害标本等。

（四）训练内容

在教师的指导下，完成以下训练：

（1）认识并掌握瓜类蔬菜主要病害的主要发病特征。

（2）认识并掌握茄果类蔬菜主要病害的发病特征。

学习
笔记

模块九 采 收

1 采收时期与时间

■ 采收时期

商品蔬菜的采收时期主要由蔬菜的种类以及市场需求所决定。

（一）根据蔬菜的种类确定采收期

一般以成熟器官为产品的蔬菜，其采收期比较严格，要待产品器官进入成熟期后才能采收。而以幼嫩器官为产品的蔬菜，其采收时期则较为灵活，根据市场价格以及需求量的变化，从产品器官形成早期到后期可随时进行采收。主要蔬菜的适宜采收时期如表9-1所示。

表9-1　主要蔬菜的适宜采收时期

蔬菜名称	产品器官类型	适宜采收时期	备　注
西瓜、甜瓜、番茄	成熟的果实	成熟期	要求严格
大白菜、结球甘蓝、花椰菜等叶球、花球类菜	成熟的叶球、花球	叶球、花球紧实期	要求严格
大葱、大蒜等鳞茎菜	成熟的鳞茎	鳞茎发育充分，进入休眠期前	要求严格
黄瓜、西葫芦、丝瓜、苦瓜、茄子、青椒、菜豆、豇豆等	嫩果	果实盛长期后，种皮变硬前	要求不严格

（续）

蔬菜名称	产品器官类型	适宜采收时期	备　注
冬瓜、南瓜等	嫩果或成熟果	果实盛长期至成熟期	视栽培目的而定
根菜类、薯芋类、水生蔬菜、莴笋、榨菜等	成熟的根、茎	成熟期或进入休眠期前	要求不严格
绿叶菜类	嫩叶、嫩茎	茎、叶盛长期后，组织老化前	要求不严格

（二）根据市场的需求确定采收期

一般蔬菜供应淡季里的销售价格比较高、供应量少，一些对采收期要求不严格的嫩瓜、嫩茎以及根、叶菜的收获期往往提前，以提早上市，增加收入；进入蔬菜供应旺季，各蔬菜的收获期往往比较晚，一般在产量达到最高期后开始采收，以确保产量。

例如，冬季黄瓜一般长到 20 厘米左右长时就开始采收，而春季则需要长到 30 厘米左右长后才开始收获；早春大萝卜通常进入露肩期后就开始收获，而秋季则要在圆腚后开始收获。

（三）根据蔬菜的销售方式确定采收期

蔬菜收获后的销售方式不同，对蔬菜的采收期也有影响。如番茄、西瓜、甜瓜等以成熟果为产品的蔬菜，如果采收后产品就地销售，一般当果实达到生理成熟前开始采收；如果采收后进行远距离外销，则在果实体积达到最大，也即定个后进行采收，以延长果实的存放期。

■ 采收时间

蔬菜的适宜采收时间为晴天的早晨或傍晚，当气温偏低时进行采收。此时采收，产品中的含水量高，色泽鲜艳，外观好，产量也比较高。中午前后的温度偏高，植株蒸发量大，蔬菜体内的含水量低，产品的外观差，产量低，不宜采收蔬菜。阴天温度低、湿度大，蔬菜采收后伤口不易愈合，容易感染病菌腐烂，也不宜采收蔬菜。

另外，为防止蔬菜采收过程中被污染，早晨采收时应在产品表面的露水消失后开始，雨后也要在产品表面上的雨水消失后才能进行采收。根菜类、薯芋类、大蒜、洋葱等蔬菜应在土壤含水量适中时（半干半湿时最为适宜）进行采收，雨季应在雨前收获完毕。

2 采收方法

蔬菜的采收方法因蔬菜的种类而异。一般果菜类应用采收刀在果前留一小段果柄（长 0.5～1 厘米）将果实采摘下来，避免病菌由伤口直接进入果实内，引起腐烂；白菜类、花菜类也要带小量的根部，用刀将叶球或花球切割下来；根菜类和薯芋类要带少量的叶柄（根菜类）或叶鞘（生姜）进行收获；绿叶菜类一般连根一起采收，以保持植株的完整，防止松散；大蒜、洋葱一般将植株连根带茎一起收获，以方便搬运和收藏。

同一种蔬菜，采后的处理方式不同，采收方法也有所区别。如采收后立即上市的大白菜，一般不带根收获，而采收后需要存放一段时间再上市时，则往往要求带根收获。

参考文献

陈月英.2008.果蔬采收和商品化处理.北京：化学工业出版社.

韩世栋.2006.蔬菜生产技术（高职高专国家"十一五"规划教材）.北京：中国农业出版社.

张子德，马俊莲.2009.蔬菜采收与简易贮藏.石家庄：河北科学技术出版社.

单元自测

1. 怎样确定蔬菜的采收期？
2. 怎样确定蔬菜的采收时间？
3. 怎样确定蔬菜苗的采收方法？

技能训练指导

蔬菜采收训练

（一）训练目的

通过训练，使学员掌握采收的技术要领。

（二）训练场所

设施内。

（三）训练材料

采收期的蔬菜、采收剪、采收框等。

（四）训练内容

在教师的指导下，完成以下训练：

（1）正确确定蔬菜的采收期。

（2）进行黄瓜、番茄、菠菜等的采收。

学习
笔记

图书在版编目（CIP）数据

设施蔬菜园艺工／韩世栋，周桂芳主编．—北京：
中国农业出版社，2016.2
农业部新型职业农民培育规划教材
ISBN 978-7-109-21435-4

Ⅰ．①设… Ⅱ．①韩… ②周… Ⅲ．①蔬菜园艺－设
施农业－技术培训－教材 Ⅳ．①S626

中国版本图书馆 CIP 数据核字（2016）第 024679 号

中国农业出版社出版
（北京市朝阳区麦子店街 18 号楼）
（邮政编码 100125）
责任编辑 张德君 司雪飞
文字编辑 李 蕊

北京通州皇家印刷厂印刷 新华书店北京发行所发行
2016 年 3 月第 1 版 2016 年 3 月北京第 1 次印刷

开本：720mm×960mm 1/16 印张：9.5
字数：120 千字
定价：22.00 元
（凡本版图书出现印刷、装订错误，请向出版社发行部调换）